Dieter Stempell

Programmierte Einführung in die Wahrscheinlichkeitsrechnung

Mit 20 Abbildungen

3., berichtigte Auflage

 Springer Fachmedien Wiesbaden GmbH

1975

Alle Rechte vorbehalten
© Springer Fachmedien Wiesbaden 1975
Ursprünglich erschienen bei Verlag Die Wirtschaft, Berlin, DDR 1975
Lizenzausgabe mit Genehmigung des Verlages Die Wirtschaft, Berlin
Ohne ausdrückliche Genehmigung des Verlages ist es auch nicht gestattet,
das Buch oder Teile daraus auf photomechanischem Wege (Photokopie,
Mikrokopie) zu vervielfältigen.
Satz: Verlag Die Wirtschaft, IBM-Schreibsatz

ISBN 978-3-528-18272-4   ISBN 978-3-663-14839-5 (eBook)
DOI 10.1007/978-3-663-14839-5

Vorbemerkungen

Die programmierte Einführung wendet sich an Leser, die Begriffe und Methoden der Wahrscheinlichkeitsrechnung anwenden wollen. Dazu soll und kann hier nur eine Einführung gegeben werden, die spezielle Belange eines Fachgebietes nicht berücksichtigt; sie bietet vielmehr Grundlagen zu einer Anwendung der behandelten Probleme der Wahrscheinlichkeitsrechnung für die spezifischen Sphären.

VORAUSSETZUNGEN für das Verstehen der gebotenen Begriffe und Methoden sind im wesentlichen der Abschluß einer erweiterten Oberschule oder einer entsprechenden Fachschule. Es werden die Kenntnis des Funktionsbegriffes, des Limesbegriffes, des Summen- und Produktzeichens und teilweise Kenntnisse aus der Integralrechnung und der Kombinatorik vorausgesetzt. Für viele ist es sicher zweckmäßig, vor der Durchsicht dieser Einführung nochmals die Integralrechnung und Kombinatorik kurz zu wiederholen oder aber neu zu erarbeiten.

DAS ZIEL der Broschüre ist es, den Lernenden zu befähigen, mit den klassischen Methoden der Wahrscheinlichkeitsrechnung (einschließlich der Verteilungsfunktionen) die auf den verschiedensten Gebieten auftretenden wahrscheinlichkeitstheoretischen Prozesse zu analysieren und lösen zu helfen.

Die Darstellung des Stoffes geschieht programmiert, um den Leser nach Aufnahmevermögen differenziert anzusprechen. Nicht unbedingt für das Verständnis notwendige theoretische Darlegungen (zum Beispiel Beweise einiger Sätze) sind in dieser Einführung nicht enthalten.

Anliegen der Broschüre ist es, einen in vielen guten Veröffentlichungen behandelten Stoff programmiert darzustellen. Deshalb wurden Gliederung, Sätze und Definitionen aus der vorhandenen Literatur entnommen, im ersten Teil vornehmlich aus Bronstein-Semendjajew, "Taschenbuch der Mathematik", Teubner Verlagsgesellschaft, Leipzig 1962, im zweiten Teil aus Storm, "Wahrscheinlichkeitsrechnung, mathematische Statistik, statistische Qualitätskontrolle", VEB Fachbuchverlag, Leipzig 1965.

In der jetzt vorliegenden 4. Auflage wurden Empfehlungen der Leser berücksichtigt.

Der Gesamtaufbau sowie die Art der Darstellung wurden von allen Seiten voll bestätigt. Die Herausgabe einer 4. Auflage innerhalb kurzer Zeit unterstreicht das nachdrücklich.

Besonderen Dank schuldet der Autor Herrn Prof. Dr. Kelbert, Herrn Prof. Dr. Dück und Herrn Dr. Körth sowie dem Lektor, Herrn Juschkus vom Verlag "Die Wirtschaft", für die vielen wertvollen Hinweise bei der Bearbeitung des Manuskripts.

Die Programmierung verlangte das Abweichen von Kapiteln und Teilabschnitten. Eine Zusammenstellung über die Reihenfolge des behandelten Stoffes, der nach Ziffern gegliedert ist, auf Seite 176 und ein Register geben deshalb die Möglichkeit, die entsprechende Stelle zu finden. Im Text und in der Regel am Ende einer Ziffer sind Aufgaben zu lösen oder Fragen zu beantworten. Im Text zu ergänzende Stellen sind punktiert. Manchmal werden Antworten gegeben, von denen eine auszuwählen und einzutragen ist. Die Fragen im Text sind auf Seite 156 kommentarlos beantwortet. In der Regel soll man dort aber nicht nachsehen, da diese Fragen bei gründlichem Durcharbeiten des Stoffes ohne Hilfe beantwortet werden können. In regelmäßigen Abständen wird auf Aufgabenkomplexe verwiesen, durch die das erworbene Wissen gefestigt werden soll. Die Lösungen dieser Aufgaben stehen auf Seite 160. Ein Test bietet dann die Möglichkeit zur Prüfung der erworbenen Kenntnisse.

Zum besseren Verständnis sind die Texte voneinander abgesetzt. Es bedeuten:

rot hervorgehoben:
Axiome, Sätze, Definitionen, Zusammenfassungen

eingerückt mit Strich:
- ∎ Aufgaben

eingerückt mit ● :
- ● Verweise auf die zu lesende Ziffer

Wir wünschen Ihnen viel Erfolg!
- ● Bitte beginnen Sie bei Ziffer 1 zu lesen!

Gegenstand der Wahrscheinlichkeitsrechnung, eines Teilgebietes der Mathematik, ist es, Gesetzmäßigkeiten für zufällige Ereignisse zu finden.

Dabei ist es nicht Aufgabe der Wahrscheinlichkeitsrechnung, Gesetzmäßigkeiten nur für ein zufälliges Ereignis zu finden, sondern für eine Gesamtheit von zufälligen Ereignissen. Der Begriff des zufälligen Ereignisses wird im allgemeinen Sprachgebrauch meist richtig benutzt. Exakt kann der Begriff wie folgt definiert werden:

Kann ein gewisses Ereignis unter gegebenen Bedingungen eintreten oder nicht, so nennt man es zufällig.

Ein solches zufälliges Ereignis können sein:

a) das Würfeln einer 6 und
b) das Auftreten eines Gewitters am 12.5.1970.

Gegebene Bedingungen dazu können sein:

a) daß der Würfel geworfen wird und daß zum Beispiel der Würfel regulär ist, also sechs Seiten hat.
b) Für b) treten die Bedingungen für den möglichen Eintritt des zufälligen Ereignisses immer ein; es muß nur genau definiert werden, für welchen geographischen Ort das Ereignis eintreten soll und zum Beispiel, was man unter Gewitter versteht.

Eine Münze, die Sie hochwerfen, zeigt, wenn sie auf den Boden gefallen ist, entweder Wappen oder Zahl auf der Oberseite.

> Ist es nun ein zufälliges Ereignis, wenn sowohl der Fall, daß das Wappen, als auch, daß die Zahl auf der Oberseite der Münze zu liegen kommt, als ein Ereignis gewertet werden?

- Ja? Lesen Sie bitte bei Ziffer 2 weiter!
- Nein? Lesen Sie bitte bei Ziffer 3 weiter!

2 Sie haben unrecht.

In der Definition steht: "Kann ein gewisses Ereignis (hier das Eintreten von "Wappen" und "Zahl") ... eintreten oder nicht, so nennt man es zufällig."

Aber entweder zeigt die Münze "Wappen", oder sie zeigt "Zahl". Eines von beiden zeigt sie sicher an (wenn wir an dieser Stelle von dem außergewöhnlichen Umstand absehen, daß sich die Münze auf keine Seite legt, sondern auf der Kante stehen bleibt). Das Ereignis muß also eintreten. Damit ist also die Definition nicht erfüllt.

Hätten wir gefragt, ob der Fall, daß das Wappen (oder die Zahl) zu sehen ist, ein zufälliges Ereignis sei, dann wäre Ihre Antwort richtig gewesen.

● Gehen Sie bitte nach Ziffer 3, und lesen Sie die richtige Antwort!

---

3 Sie haben richtig entschieden.

Da eines der beiden Ereignisse bestimmt eintreten wird, haben wir kein zufälliges, sondern ein sicheres Ereignis vor uns.

Wir legen fest:

Ein sicheres Ereignis tritt bei Realisierung der gegebenen Bedingungen, oder um eine andere Redeweise zu benutzen, bei jedem Versuch ein.

Bezeichnen wir das Erscheinen der Zahl als Ereignis A, dann ist das Erscheinen des Wappens genau das Ereignis, das bei Nichteintritt von Ereignis A eintritt.

Wir definieren dies als Komplementärereignis:

Das Ereignis, das genau dann eintritt, wenn A nicht eintritt, heißt Komplementärereignis $\bar{A}$.

Weiter definieren wir:

Die Summe zweier Ereignisse A, B ist das Ereignis A + B, das eintritt, wenn entweder eines der beiden Ereignisse oder beide zusammen eintreten.

Zum Beispiel ist das Ereignis $A + \bar{A}$ ein sicheres Ereignis.

Das Komplementärereignis zum sicheren Ereignis ist das unmögliche Ereignis.

Sie haben 2 Münzen. Ist das Ereignis, daß nach Hochwerfen der Münzen eine Münze Zahl, die andere Münze Wappen zeigt,

- ein sicheres Ereignis?   Dann lesen Sie bitte bei Ziffer 4 weiter!
- ein zufälliges Ereignis?   Dann lesen Sie bitte bei Ziffer 5 weiter!
- ein unmögliches Ereignis? Dann lesen Sie bitte bei Ziffer 6 weiter!
- sind es 2 Komplementärereignisse?
  Dann lesen Sie bitte bei Ziffer 7 weiter!
- Ist es eine Kombination der obigen 4 Möglichkeiten?
  Dann lesen Sie bitte bei Ziffer 8 weiter!

Da das Ereignis "Wappen" das Komplementärereignis zu "Zahl" ist, würde bei einer Münze Ihre Antwort richtig sein.

4

Wir werfen aber 2 Münzen; wenn die erste Münze "Wappen" zeigt, kann die zweite Münze auch "Wappen" zeigen.

Das Ereignis "Wappen" (erste Münze) und "Zahl" (zweite Münze) oder umgekehrt tritt also nicht immer ein.

- Lesen Sie bitte die Definitionen bei Ziffer 3 noch einmal und wählen Sie erneut!

5 Selbstverständlich haben wir damit wieder ein zufälliges Ereignis. Insgesamt gibt es bei einem solchen Wurf 4 verschiedene Kombinationsmöglichkeiten (und zwar [W,W], [Z,W], [W,Z], [Z,Z]; Wappen = W, Zahl = Z), von denen 2 (und zwar ....) unsere Anforderungen erfüllen.

Neben der Summe zweier Ereignisse A+B kann man auch das Produkt zweier Ereignisse bilden:

Als Produkt der Ereignisse A, B bezeichnen wir das Ereignis, wenn sowohl A als auch B eintritt (geschrieben A·B).

Wir veranschaulichen die eingeführten Begriffe noch einmal graphisch. Als Gesamtheit aller möglichen Ereignisse, also als ein sicheres Ereignis, verstehen wir die Wahl irgendeines Punktes im Quadrat des Schemas 1. Ereignis A ist dann die Wahl eines Punktes im linken, Ereignis B die Wahl eines Punktes im rechten Kreis. Die Ereignisse A, $\bar{A}$ usw. sind aus den weiteren Zeichnungen zu erkennen.

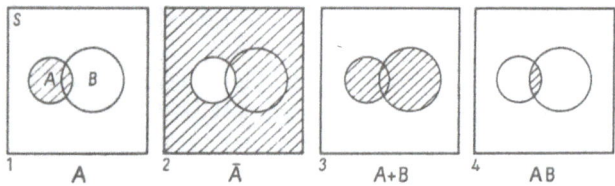

Nun ein Beispiel:

Sie wollen mit dem Auto fahren. Es soll vorerst angenommen werden, daß nur die zwei Ereignisse "Batterie geladen" und "Starter gedrückt" das Anspringen des Motors beeinflussen. Ereignis A sei "Batterie geladen", Ereignis B "Starter gedrückt".

■ Ist zum Anspringen des Motors als Ereignis notwendig

● das Produkt A · B?   Schlagen Sie bitte Ziffer 9 auf!
● oder die Summe A + B? Schlagen Sie bitte Ziffer 10 auf!

Bitte überlegen Sie sich Ihre Antwort noch einmal!   **6**

Sowohl das "Wappen" auf der einen Münze als auch die "Zahl" auf der anderen Münze kann zu sehen sein. Unmöglich ist ein Ereignis aber nur, wenn es überhaupt nicht eintreten kann.

- Blättern Sie zurück zu Ziffer 3 und wählen Sie eine andere Antwort!

"Wappen" und "Zahl" sind zueinander Komplementärereignisse, wenn   **7**
nur eine Münze geworfen wird. Bei zwei Münzen können nun beide aber "Wappen" zeigen. Damit ist das Zeigen von "Wappen" auf der einen Münze kein Komplementärereignis zum Erscheinen der "Zahl" auf der anderen Münze, denn zwei Komplementärereignisse müssen das sichere Ereignis ergeben, was hier nicht der Fall ist.

- Blättern Sie zurück zu Ziffer 3, und wählen Sie eine andere Möglichkeit!

8 Sie haben unrecht.

Ein sicheres Ereignis ist kein zufälliges Ereignis, ein unmögliches Ereignis ist weder sicher noch zufällig.

■ Vergleichen Sie noch einmal die Definitionen bei Ziffer 3!

Merken Sie sich: nur zwei Komplementärereignisse ergeben das sichere Ereignis.

● Wenn Sie der Meinung sind, daß wir ein sicheres Ereignis mit den Komplementärereignissen "Wappen" beziehungsweise "Zahl" vor uns haben, dann lesen Sie bitte bei Ziffer 4 weiter!
● Sonst wählen Sie bei Ziffer 3 eine andere Lösung!

---

9 Sie haben recht.

Es ist sowohl A als auch B zum Anspringen des Motors notwendig. Jedoch ist dann noch lange nicht sicher, daß Ihr Motor anspringt. Verschiedene andere Ereignisse können das Anspringen verhindern (kein Benzin, Kabelbruch usw.).

Nun wollen wir noch eine weitere Definition geben:

Zwei Ereignisse schließen einander aus, wenn bei Eintritt des einen Ereignisses das andere Ereignis unmöglich ist.

Zum Beispiel sind die Ereignisse "Würfeln einer 1" und "Würfeln einer 2" zwei einander ausschließende Ereignisse beim einmaligen Würfeln.

■ Das Produkt zweier, einander ausschließender Ereignisse ist
das .... Ereignis.

Nun wollen wir auch von den zwei Ereignissen A und B abgehen und mehrere Ereignisse A_1, A_2, A_3 ... A_n betrachten und die Definitionen für Summe und Produkt erweitern:

Die Summe mehrerer Ereignisse A_i (i = 1, 2, ..., n) ist das Ereignis $\sum_{i=1}^{n} A_i = A$, das eintritt, wenn mindestens eines der Ereignisse A_i eintritt.

Das Produkt mehrerer Ereignisse A_i (i = 1, 2, ..., n) ist das Ereignis $\prod_{i=1}^{n} A_i$, das eintritt, wenn alle Ereignisse gleichzeitig eintreten.[1]

Wir haben zum Beispiel drei Würfel: es wird gefordert, auf einmal 18 Augen zu werfen. Dann wird das Produkt der Ereignisse "Würfel i zeigt eine 6" gefordert. Ist aber gefordert, daß mindestens ein Würfel eine 6 zeigt, so ist das die Summe der drei Ereignisse "Würfel i zeigt eine 6".

■ Was ist bei drei Würfeln das Komplementärereignis zur Summe "Würfel i zeigt eine 6"?

● Alle Würfel zeigen keine "6".   Lesen Sie bitte weiter bei Ziffer 11!
  Zwei Würfel zeigen "6".
● Ein Würfel zeigt keine "6".   Lesen Sie bitte weiter bei Ziffer 12!

---

[1] Es ist $\sum_{i=1}^{n} A_i$ eine verkürzte Schreibweise für $A_1 + A_2 + ... + A_n$ und $\prod_{i=1}^{n} A_i$ für $A_1 \cdot A_2 \cdot ... \cdot A_n$.

10 Die Summe A+B zweier Ereignisse bedeutet nach der Definition (vergleichen Sie Ziffer 3), daß entweder A oder B oder A kombiniert mit B eintreten kann. Wenn aber nur Ereignis A eingetreten ist (Batterie geladen), springt dann der Motor an? Das wäre schlimm! Nur wenn die "Batterie geladen" und der "Starter gedrückt" sind (und dann auch noch nicht immer), springt der Motor an.

● Lesen Sie die Definitionen bei den Ziffern 3 und 5 noch einmal durch, und wählen Sie bei Ziffer 5 erneut!

---

11 Sie haben recht.

Wir wollen nun versuchen, ein Maß für das Eintreten von Ereignissen zu bestimmen.

Die quantitative Abschätzung der Möglichkeit für das Eintreten eines zufälligen Ereignisses ist seine Wahrscheinlichkeit.

Zur Bestimmung der Wahrscheinlichkeit gibt es verschiedene Methoden. Zuerst soll ein theoretisches Gerüst für die quantitative Bestimmung der Wahrscheinlichkeit aufgebaut werden. Dazu werden wir einige Axiome aufstellen. Axiome sind in der Mathematik nicht beweisbare Grundvoraussetzungen, auf denen dann die Theorie aufgebaut wird.

1. Axiom
Jedem Ereignis A wird eine Zahl P(A) zugeordnet mit $0 \leq P(A) \leq 1$.
P(A) heißt die Wahrscheinlichkeit des Ereignisses A.

2. Axiom
Die Wahrscheinlichkeit eines sicheren Ereignisses ist 1.

3. Axiom (Additionssatz der Wahrscheinlichkeitsrechnung)
Die Wahrscheinlichkeit einer Summe zufälliger, einander ausschließender Ereignisse ist gleich der Summe der Wahrscheinlichkeiten dieser Ereignisse.

$P(A_1 + A_2 \ldots + A_n) = P(A_1) + P(A_2) + \ldots + P(A_n)$

Auf diesen drei Axiomen kann die gesamte Wahrscheinlichkeitsrechnung aufgebaut werden. Wir werden aber nur bedingt davon ausgehen.
In der modernen Wahrscheinlichkeitsrechnung wird die Wahrscheinlichkeit als Maß definiert. Dies wollen wir kurz am Beispiel der Schemata der Ziffer 5 erläutern. P(A) ist der (Flächen-) Anteil von A an S, hier gemessen durch den Flächeninhalt von A zum Flächeninhalt von S. Ebenso geschieht dies für die anderen Ereignisse.
Als Beispiel, wie man aus dem Maß einer Fläche (Flächeninhalt) die Wahrscheinlichkeit bestimmt, sei auf die Aufgabe 6. des Aufgabenkomplexes 1 hingewiesen.

Und nun etwas zum Überlegen:
■ Können Sie aus obigen Axiomen folgende Behauptung beweisen?

Die Summe der Wahrscheinlichkeiten des Ereignisses A und des dazugehörigen Komplementärereignisses $\overline{A}$ ist 1.
Also $P(A) + P(\overline{A}) = 1$

- Ja?   Dann lesen Sie bei Ziffer 14 weiter!
- Nein? Dann lesen Sie bei Ziffer 13 weiter!

Sie haben unrecht.

12

Was Sie meinen, ist das Produkt der Ereignisse. Es wird aber gefordert, daß mindestens eine "6" auftritt, das heißt, eine "6" erfüllt schon die Forderung. Das Komplementärereignis darf also keine "6" enthalten.

- Lesen Sie bei Ziffer 11 die richtige Antwort nach!

13 Wollen wir es einmal zusammen versuchen?
Es ist also zu beweisen:

$$P(A) + P(\bar{A}) = 1$$

Wir wissen noch, daß A und $\bar{A}$ zusammen das sichere Ereignis ergeben. Mit Hilfe des 2. Axioms ergibt sich also
$$P(A + \bar{A}) = 1$$

Die Ereignisse A und $\bar{A}$ schließen einander aus. Folglich können wir das 3. Axiom (das Additionsgesetz) anwenden.
$$P(A + \bar{A}) = P(A) + P(\bar{A}) = 1$$

Das wollten wir aber beweisen.

● Lesen Sie jetzt weiter bei Ziffer 14 und beweisen Sie die dortige Behauptung!

---

14 Wenn Sie es genauso gemacht haben, wie es unter Ziffer 13 steht, ist Ihr Beweis richtig.

Nun noch eine ähnliche Frage.

■ Kann man folgende Behauptung beweisen?

Die Wahrscheinlichkeit des unmöglichen Ereignisses ist 0.

● Ja?   Lesen Sie bei Ziffer 15 weiter!
● Nein? Blättern Sie nach Ziffer 16!

15

Sie haben recht.

Es gilt unter Anwendung des 2. und 3. Axioms
P(U+S) = P(U) + P(S) = 1
(U = unmögliches Ereignis; S = sicheres Ereignis)
Da P(S) = 1, muß P(U) = 0 sein.
Das war zu beweisen.

Aus diesem axiomatischen Aufbau erhalten wir keinen Hinweis auf die Größe der Wahrscheinlichkeit.

> Wir wissen nur, daß die Wahrscheinlichkeit für den Eintritt eines bestimmten Ereignisses keinesfalls kleiner als ... und größer als ... sein kann. (Sind Sie nicht sicher, welche Zahlen zu ergänzen sind, dann lesen Sie noch einmal Ziffer 11.)

Zur Bestimmung der Wahrscheinlichkeit wollen wir zuerst die klassische Definition der Wahrscheinlichkeit anführen:

Falls ein zufälliges Ereignis A als Folge irgendeines von m Ereignissen aus einer Gesamtzahl von n unabhängigen und gleichwahrscheinlichen Ereignissen eintritt, so bezeichnet man als Wahrscheinlichkeit des Ereignisses A das Verhältnis $P(A) = \frac{m}{n}$.

> Wie groß ist die Wahrscheinlichkeit, beim einmaligen Würfeln eine "1" oder eine "3" zu würfeln?

- $\frac{2}{12} = \frac{1}{6}$? Blättern Sie weiter nach Ziffer 17!
- $\frac{2}{6} = \frac{1}{3}$? Blättern Sie weiter nach Ziffer 18!
- $\frac{1}{6}$? Blättern Sie weiter nach Ziffer 19!

Oder wissen Sie es nicht, dann lesen Sie bei Ziffer 20 weiter!

16 Man kann die Behauptung doch beweisen!

Bitte lesen Sie den Beweis bei Ziffer 13 noch einmal durch. Setzen Sie an die Stelle von A das sichere Ereignis und an die Stelle von $\overline{A}$ das unmögliche Ereignis. Vielleicht kommen Sie dann zu einer anderen Lösung.

---

17 Sie haben richtig erkannt, daß wir m = 2 gleichwahrscheinliche Ereignisse haben, die unser Ereignis A definieren. Beim einmaligen Würfeln gibt es jedoch nur 6 mögliche, unabhängige und gleichwahrscheinliche Ereignisse. Deshalb ist die Antwort falsch.

- Blättern Sie bitte nach Ziffer 15 zurück, und wählen Sie eine andere Antwort!

Ihre Antwort ist richtig.

18

Ereignis A tritt als Folge von m=2 Ereignissen aus einer Gesamtzahl von n=6 unabhängigen und gleichwahrscheinlichen Ereignissen ein. Eine plausiblere, jedoch ungenaue Formulierung der klassischen Wahrscheinlichkeitsdefinition kann wie folgt gegeben werden:

$$P(A) = \frac{\text{Anzahl der für A günstigen Ereignisse}}{\text{Anzahl der möglichen Ereignisse}} = \frac{m}{n}$$

Dazu eine Aufgabe. Prüfen Sie bitte, ob beide Ergebnisse richtig sind!

> Beim zweimaligen aufeinanderfolgenden Werfen einer Münze wollen wir die Wahrscheinlichkeit bestimmen, daß mindestens einmal "W" auftritt. Beim ersten Wurf erscheint entweder das Wappen (günstig) oder die Zahl (ungünstig). Ist die Zahl erschienen, werfen wir wieder die Münze. Als Ausgang dieses Versuches kann wieder Wappen (günstig) oder Zahl (ungünstig) erscheinen. Damit ist m=2, n=3; $P(A) = \frac{2}{3}$.
>
> Werfen wir aber einmalig zwei Münzen gleichzeitig, können ... = n verschiedene Kombinationen von Wappen und Zahl auftreten. Betrachten wir das mindestens einmalige Auftreten von Wappen ebenfalls als günstig, so ist m = ... Damit haben wir als Wahrscheinlichkeit $P = \frac{3}{4}$. (Haben Sie eine andere Antwort gefunden, dann schreiben Sie bitte sämtliche Möglichkeiten nebeneinander und zählen Sie, welche davon günstig sind.)

- Sind beide Ergebnisse richtig? Dann lesen Sie bei Ziffer 21 weiter!
- Ist eines der beiden Ergebnisse falsch?
  Dann lesen Sie bei Ziffer 22 weiter!

19 Sie meinen $\frac{2}{12} = \frac{1}{6}$ sei die richtige Lösung.

Die n unabhängigen und gleichwahrscheinlichen Ereignisse sind, wie Sie richtig erkannt haben, die Zahlen 1, 2, 3, 4, 5, 6. Also n=6. Als Ereignis A haben wir aber das Eintreten der Zahlen 1 und 3; unser Ereignis A tritt also bei Realisierung von m=2 Ereignissen aus einer Gesamtzahl von n = 6 unabhängigen, gleichwahrscheinlichen Ereignissen ein.

Wenn wir nur die Wahrscheinlichkeit des Eintretens von 6 wissen wollten, dann wäre m=1 und n=6.

- Blättern Sie bitte zurück nach Ziffer 15, und wählen Sie eine andere Möglichkeit!

---

20 Sie sind ehrlich. Das ist gut so. Sonst könnten wir Ihnen auch nicht helfen.

Beim Würfeln ist zufällig, welche natürliche Zahl zwischen 1 und 6 als Ergebnis des Experiments erscheint. Der Eintritt von einer "2" zum Beispiel ist unabhängig von den anderen fünf Möglichkeiten. Das ist die Unabhängigkeit der Ereignisse untereinander. Weiter hat jede Zahl die gleiche Wahrscheinlichkeit des Eintritts; die Ereignisse sind also gleichwahrscheinlich. Damit sind die Voraussetzungen der Definition von Ziffer 15 erfüllt. Das zufällige Ereignis ist das Erscheinen einer 1 oder einer 3. Ereignis A ist demnach die Summe von Ereignis "1" und Ereignis "3". Beim Würfeln sind sechs Ergebnisse möglich, und zwar die Zahlen 1, 2, 3, 4, 5 und 6. Die Gesamtzahl der Ereignisse ist also n = 6. A ist die Folge einer bestimmten Teilanzahl davon. Wieviel Teilereignisse für A gültig sind, versuchen Sie bitte selbst zu bestimmen.

- Blättern Sie dann zurück nach Ziffer 15, und suchen Sie die richtige Antwort!

Die Antwort ist falsch.

21

Nehmen wir an, wir haben zwei Münzen. Zuerst wird eine Münze geworfen. Ob wir beim zweiten Wurf wieder die schon geworfene Münze nehmen (nachdem wir das Ergebnis notiert haben) oder eine andere Münze, ist für den Ausgang des Experimentes gleichgültig. Damit sind beide Experimente identisch. Es muß also bei beiden Experimenten dasselbe Ergebnis erscheinen.

Es kann nicht $P(A) = \frac{2}{3} = \frac{3}{4}$ sein. Eines der beiden Ergebnisse ist falsch.

- Blättern Sie zurück nach Ziffer 18, und überlegen Sie welches!

Das ist richtig.

22

Zu entscheiden ist nur noch, welches Ergebnis falsch ist.

- Sind Sie der Meinung, daß
  $P(A) = \frac{2}{3}$ falsch ist; dann lesen Sie bei Ziffer 23 weiter!
  $P(A) = \frac{3}{4}$ falsch ist; dann lesen Sie bei Ziffer 24 weiter!
- Wissen Sie aber, wo in den Ausführungen bei Ziffer 18 der Fehler steckt, lesen Sie bitte gleich weiter bei Ziffer 25!

23 $P(A) = \frac{2}{3}$ ist falsch. [1]

Wenn wir in der bei Ziffer 18 erläuterten Art vorgehen, beachten wir nicht, daß Unabhängigkeit der Ereignisse gefordert wird. Wir werfen die Münze ein zweites Mal nur, wenn der erste Wurf "ungünstig" ist. Das Ausführen des zweiten Wurfes ist vom Ausgang des ersten Wurfes abhängig.

- Bitte lesen Sie bei Ziffer 25 weiter!

[1] Diesem Trugschluß ist auch der französische Mathematiker d'Alembert zum Opfer gefallen. In einem Artikel der Encyclopédie wurde diese Wahrscheinlichkeit von ihm so berechnet

---

24 Warum soll $P(A) = \frac{3}{4}$ falsch sein?

Es gibt folgende mögliche Ausgänge der Versuche:
 $[W,W]$; $[W,Z]$; $[Z,W]$; $[Z,Z]$.

Alle Ergebnisse sind gleichwahrscheinlich und unabhängig.

n = 4 Versuchsausgänge sind es, davon erfüllen
m = 3 unsere Bedingung.

$$P(A) = \frac{m}{n} = \frac{3}{4} \quad \text{stimmt also.}$$

- Lesen Sie jetzt Ziffer 23!

Die angegebene Bestimmung der Wahrscheinlichkeit ist nicht immer anwendbar. Fragen wir zum Beispiel nach der Wahrscheinlichkeit einer Knaben- oder Mädchengeburt, so können wir diese Wahrscheinlichkeit nicht mit der klassischen Wahrscheinlichkeitsdefinition bestimmen. Man weiß nur, wie groß das Verhältnis zwischen Knaben- und Mädchengeburten in den einzelnen Jahren gewesen ist. Zum Beispiel entfielen 1954 in der DDR auf 151 693 Knabengeburten 142 022 Mädchengeburten.

Man bestimmt dann die relative Häufigkeit (h_{rel}) eines zu untersuchenden Prozesses durch das Verhältnis der Anzahl der 'günstigen' Teilereignisse zur Anzahl der Gesamtereignisse.

Die relative Häufigkeit einer Knabengeburt wird also bestimmt durch

$$h_{rel} = \frac{\text{Anzahl der Knabengeburten}}{\text{Gesamtzahl der Geburten}}.$$

> Die relative Häufigkeit 1954 für die DDR
> einer Knabengeburt ist h_{rel} = ———— ≈ .....
> einer Mädchengeburt ist h_{rel} = ———— ≈ .....

Um aus einer relativen Häufigkeit Rückschlüsse über die zugehörige Wahrscheinlichkeit ziehen zu können, muß diese relative Häufigkeit für sehr große n bestimmt werden. Man sagt, daß für eine hinreichende Anzahl von Versuchen die relative Häufigkeit der Wahrscheinlichkeit beliebig nahe kommt. Diese verbale Umschreibung kann auf folgende Weise formelmäßig erfaßt werden:

(Statistische Bestimmung der Wahrscheinlichkeit):

$$P(A) = \lim_{n \to \infty} \frac{n'}{n}$$

wobei n' – die Zahl der für A günstigen Versuche und
n – die Zahl der Versuche ist.

> Ist diese statistische Bestimmung der Wahrscheinlichkeit auch für das Würfelbeispiel bei Ziffer 15 anwendbar?

- Ja? Dann lesen Sie bei Ziffer 26 weiter!
- Nein? Dann lesen Sie bei Ziffer 27 weiter!

26 Das ist richtig.

Eine Definition muß allgemein gelten. Der Sonderfall, bei dem die Wahrscheinlichkeit durch die möglichen und günstigen Ereignisse bestimmt wurde, muß in dieser allgemeinen Definition mit enthalten sein. Wenn Sie diese Wahrscheinlichkeit statistisch bestimmen wollen, müssen Sie eine sehr große Anzahl von Versuchen durchführen und notieren, ob beim Versuch das Ereignis A eintritt oder nicht. Bei sehr vielen Versuchen werden dann die Wahrscheinlichkeit ($\frac{m}{n}$) und die relative Häufigkeit ($\frac{n'}{n}$) annähernd übereinstimmen.

So warf der Mathematiker Pearson eine Münze
    2 048 mal mit 1 038 mal "Wappen" und
    24 000 mal mit 12 012 mal "Wappen".

Es ergibt sich also eine relative Häufigkeit von
h_{rel} (bei 2 048 Würfen) = ——————— = ...
h_{rel} (bei 24 000 Würfen) = ——————— = ...
Die Abweichung zwischen P(A) und h_{rel} beträgt
bei 2 048 Würfen absolut |......|
bei 24 000 Würfen absolut |......|

Bei einer größeren Versuchsanzahl ist also in der Regel die Abweichung .... (größer/kleiner) als bei einer geringeren Versuchsanzahl. Dies kann aber auch aus der Formel in Ziffer 25 erkannt werden.

Und nun eine weitere Frage:

Ein Betrieb stellte im Jahr 1960 1 000 Einheiten eines Produktes her. Davon sind 35 Einheiten Ausschuß.

Sind nun 0,035 oder 3,5 Prozent
- die Wahrscheinlichkeit dafür, daß eine Einheit des Produktes in den Jahren 1955 bis 1960 Ausschuß ist, dann lesen Sie bitte bei Ziffer 28 weiter!
- die relative Häufigkeit dafür, daß eine Einheit des Produktes in den Jahren 1955 bis 1960 Ausschuß ist (falls keine weiteren Angaben vorliegen), dann lesen Sie bitte bei Ziffer 29 weiter!

27

Sie haben unrecht.

Wenn wir jetzt zum Beispiel 1000 mal würfeln, und unser Ereignis tritt 300 mal ein, dann haben wir eine relative Häufigkeit für die Zahl bestimmt, die wir bei Ziffer 15 durch andere Überlegungen zu $P(A) = \frac{1}{3}$ erhalten haben.

h_{rel} ist in unserem Beispiel:
$h_{rel} = \ldots = 0,30$.

Wir können also statistische Näherungswerte für die Wahrscheinlichkeit auch beim Würfeln erhalten.

● Lesen Sie bitte weiter bei Ziffer 26!

28

Wir wissen nur, daß in einem Jahr 3,5 Prozent der Produkte Ausschuß waren. Das kann in anderen Jahren anders sein, und unsere gesuchte Aussage ist zeitlich nicht auf 1960 begrenzt. Würde der Betrieb im nächsten Jahr keinen Ausschuß produzieren, ergäbe sich eine ganz andere Prozentzahl.

Ihre Aussage wäre nur richtig, wenn wir wie folgt gefragt hätten:
Ist 3,5 Prozent die Wahrscheinlichkeit dafür, daß ein im Jahre 1960 hergestelltes Produkt Ausschuß ist?

Dann haben Sie eine begrenzte Gesamtheit mit gleichwahrscheinlichen und unabhängigen Ereignissen. Dann gilt die klassische Wahrscheinlichkeitsdefinition.

● Bitte lesen Sie bei Ziffer 29 die richtige Antwort!

29 Sie haben recht.

3,5 Prozent ist eine relative Häufigkeit. Sie gilt für ein Jahr. Erst wenn wir wüßten, daß sich ähnliche Zahlen jedes Jahr ergeben, könnten wir näherungsweise die relative Häufigkeit für die Wahrscheinlichkeit einsetzen.

Neben diesen zwei Definitionen der Wahrscheinlichkeit existiert eine mengentheoretische Definition der Wahrscheinlichkeit. Wir werden diese Definition nicht näher erläutern. Sie benutzt Begriffe, die nicht mehr elementarmathematisch sind. Zur Bestimmung von Wahrscheinlichkeiten sind obige Definitionen praktikabler.

Zusammenfassend können wir sagen:

Die Wahrscheinlichkeit gibt den Grad der Möglichkeit an, mit dem ein bestimmtes Ereignis Wirklichkeit werden kann (vergleichen Sie dazu (1)).

Sie wird bestimmt
entweder durch $P(A) = \dfrac{m}{n}$ bei endlich vielen möglichen Ereignissen;
wir sprechen dann auch von einer endlichen Grundgesamtheit,
oder durch

$$P(A) = \lim_{n \to \infty} \frac{n'}{n}$$

bei unendlicher Grundgesamtheit oder wenn die Grundgesamtheit nicht vollständig erfaßt wird.

● Bitte lösen Sie jetzt die Aufgaben des Komplexes 1 und lesen Sie dann weiter bei Ziffer 30!

---

(1) Philosophisches Wörterbuch, VEB Bibliographisches Institut Leipzig, 1965, S. 590.

AUFGABENKOMPLEX 1

1. Bestimmen Sie die Komplementärwahrscheinlichkeit zu p = 0,837!
   $\bar{p}$ = ...
2. Sie haben einen Würfel, bei dem statt der Augen Farben aufgetragen sind. 5 Flächen zeigen jeweils eine andere Farbe, die 6. Fläche zeigt diese 5 Farben.
   a) Wie groß ist die Wahrscheinlichkeit, daß eine bestimmte Farbe beim Würfeln erscheint? p = ...
   b) Warum ergänzen sich die einzelnen Wahrscheinlichkeiten nicht zu 1? ......
3. Es gibt unendlich viele Primzahlen. 2 ist die einzige gerade Primzahl. Wie groß ist die Wahrscheinlichkeit, zufällig eine gerade Primzahl auszuwählen? p = ...
4. Folgt aus P(A) = 0, daß Ereignis A das unmögliche Ereignis ist?
   ......
5. Aus einem Kartenspiel (von 32 Karten) werden 2 Karten gezogen. Die erste Karte war kein As. Wie groß ist die Wahrscheinlichkeit, beim zweiten Mal ein As zu ziehen? p = ...
6. Zwei Personen verabreden sich an einem bestimmten Ort zwischen 12 und 1 h. Der zuerst Angekommene wartet auf den anderen 20 Minuten. Wie groß ist die Wahrscheinlichkeit, daß sich beide Personen treffen, wenn sie beide zufällig im Verlauf dieser Stunde eintreffen?
   Benutzen Sie als Hilfsmittel untenstehendes Schema.

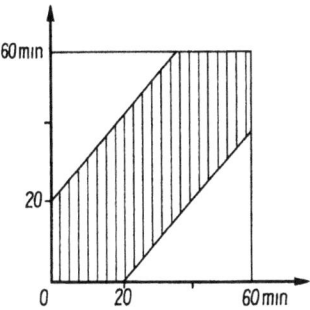

(Die Lösungen finden Sie auf Seite 160)

30 Auf den nächsten Seiten wollen wir uns mit dem Additionsgesetz und der Multiplikationsregel der Wahrscheinlichkeitsrechnung beschäftigen. Das Additionsgesetz der Wahrscheinlichkeitsrechnung ist uns schon bei Ziffer 11 als 3. Axiom der Wahrscheinlichkeitsrechnung begegnet. Wir wollen es noch einmal anführen:

Die Wahrscheinlichkeit einer Summe zufälliger, einander ausschließender Ereignisse ist gleich der .... der Wahrscheinlichkeiten dieser Ereignisse.
$$P(A_1 + A_2 + \ldots + A_n) = \ldots\ldots\ldots$$

Die Multiplikationsregel der Wahrscheinlichkeitsrechnung lautet:

Die Wahrscheinlichkeit für das gleichzeitige Auftreten mehrerer voneinander unabhängiger[1] Ereignisse ist gleich dem Produkt der Wahrscheinlichkeiten dieser Ereignisse.
$$P(A_1 \cdot A_2 \cdot \ldots \cdot A_n) = P(\prod_{i=1}^{n} A_i) = P(A_1) \cdot P(A_2) \cdot \ldots \cdot P(A_n)$$

Erläutern wir diese beiden Sätze an einem Beispiel. Wir wollen beim Würfeln zwei Ereignisse betrachten. Ereignis "1" ist das Würfeln einer 1, Ereignis "G" bedeutet, daß eine gerade Zahl beim einmaligen Wurf gewürfelt wurde, also 2, 4, 6. Demnach ist $P(1)$[2] $= \ldots$ und $P(G) = \ldots$ Die Wahrscheinlichkeit, daß bei einmaligem Wurf "1" oder "G" zu sehen ist, ist nach dem Additionsgesetz der Wahrscheinlichkeitsrechnung gleich

$$\frac{1}{6} + \frac{3}{6} = \frac{4}{6} = \frac{2}{3} = P(1+G), \text{ da "1" und "G" einander ausschließen.}$$

Suchen wir die Wahrscheinlichkeit für die Aufeinanderfolge von "1" und "G" beim zweimaligen Wurf, so ergibt sich

$$P(1 \cdot G) = \frac{1}{6} \cdot \frac{3}{6} = \frac{3}{36} = \frac{1}{12}.$$

---

[1] Ein Ereignis ist unabhängig von einem anderen Ereignis, wenn der Eintritt eines der beiden Ereignisse den Eintritt des anderen Ereignisses in keiner Weise beeinflußt.
Diese Definition stimmt mit dem allgemeinen Sprachgebrauch weitgehend überein.

[2] Die Bezeichnungen P(1) beziehungsweise P(G) sind Abkürzungen für P (Würfeln einer 1) usw. Wenn Mißverständnisse auftreten können, ob die Zahl (der Buchstabe) oder ein Ereignis gemeint ist, werden die Ereignisse apostrophiert, zum Beispiel P("1" · "G").

Versuchen Sie jetzt selbst eine Aufgabe zu lösen.

> Ein Arbeiter bedient zwei unabhängig voneinander arbeitende Maschinen. Die Wahrscheinlichkeit dafür, daß eine Maschine im Laufe einer Stunde die Aufmerksamkeit des Arbeiters nicht erfordert, sei für die Maschine A P(A) = 0,4 und für die Maschine B P(B) = 0,3. Wie groß ist die Wahrscheinlichkeit, daß im Laufe einer Stunde keine der beiden Maschinen die Aufmerksamkeit des Arbeiters beansprucht?

- P = 0,7?   Dann lesen Sie weiter bei Ziffer 31!
- P = 0,12? Dann lesen Sie weiter bei Ziffer 32!

31

Sie haben P = 0,7 gewählt. Demnach haben Sie das Additionsgesetz der Wahrscheinlichkeitsrechnung angewendet mit P(A) + P(B) = 0,7.

Bei Ziffer 30 steht:

Die Wahrscheinlichkeit einer Summe zufälliger, ... Ereignisse ist gleich der Summe der Wahrscheinlichkeiten dieser Ereignisse. Es ist aber doch möglich, daß alle beide Maschinen die Aufmerksamkeit nicht erfordern. Das heißt, die beiden Ereignisse schließen einander nicht aus, und das Additionsgesetz kann nicht angewendet werden. Bei drei Maschinen hätten Sie nach dieser Rechnung möglicherweise ein Ergebnis > 1 erhalten!

- Gehen Sie zurück nach Ziffer 30, lesen Sie den Text nochmals, und schlagen Sie dann Ziffer 32 auf!

32 Es stimmt.

Es handelt sich um das gleichzeitige Auftreten zweier voneinander unabhängiger Ereignisse. Die Multiplikationsregel führt zum richtigen Ergebnis.
P(A) · P(B) = 0,3 · 0,4 = 0,12.

Und jetzt ein weiteres Beispiel:

> Es soll die Wahrscheinlichkeit P(A) bestimmt werden, daß bei drei Würfen mit einer Münze mindestens zweimal "Wappen" auftritt.

- Wenn Sie ausrechnen, daß

  P(A) = $\frac{3}{8}$ ist, dann lesen Sie bitte bei Ziffer 33 weiter!

- P(A) = $\frac{1}{2}$ ist, dann lesen Sie bitte bei Ziffer 34 weiter!

- Wollen Sie das Beispiel ausführlich erklärt haben, dann schlagen Sie bitte Ziffer 35 auf!

---

33 Sie haben P(A) = $\frac{3}{8}$ errechnet.

Da sind Sie wahrscheinlich richtig davon ausgegangen, daß 2^3 mögliche Ereignisse eintreten können (zwei Möglichkeiten "W" oder "Z" jeweils dreimal). Da es drei günstige Ereignisse für das Eintreten von zweimal "W" gibt (ZWW, WZW, WWZ), haben Sie $\frac{3}{8}$ = P(A) gesetzt; das ist aber nicht ganz richtig. Sie haben zwar sehr gut die Problematik erfaßt, doch in der Aufgabenstellung heißt es, daß "w e n i g s t e n s zweimal "W" auftreten soll. Bitte überlegen Sie noch einmal genau. Sie werden das richtige Ergebnis bestimmt finden.

- Gehen Sie zurück nach Ziffer 32!

Sie fanden P(A) = $\frac{1}{2}$, das ist richtig, und wenn Sie diese Ziffer sofort wählen konnten, darf man Ihnen zu Ihrer schnellen Auffassungsgabe gratulieren. Vielleicht werden Sie die nächsten beiden Aufgaben ebenfalls ohne Hilfe lösen können. Diese Aufgaben erfordern einen kleinen Kniff. Überlegen Sie bitte bei der jetzt folgenden Aufgabe zuerst, welche Wahrscheinlichkeit den Sachverhalt am einfachsten widerspiegelt.

> Aus einem Kartenspiel von 32 Karten werden 3 Karten gezogen. Gesucht ist die Wahrscheinlichkeit P(A), daß mindestens ein As unter diesen drei Karten ist.

- Ist die Wahrscheinlichkeit P(A) = $(\frac{1}{32})^3$?

    Dann blättern Sie bitte nach Ziffer 36!

- P(A) = $\frac{4}{32} \cdot 3$?   Dann blättern Sie bitte nach Ziffer 37!

- P(A) = $(1 - (\frac{28}{32})^3)$?   Dann blättern Sie bitte nach Ziffer 38!

- P(A) = $(1 - \frac{28 \cdot 27 \cdot 26}{32 \cdot 31 \cdot 30})$?   Dann blättern Sie bitte nach Ziffer 39!

- P(A) = $(\frac{4}{32})^3$?   Dann blättern Sie bitte nach Ziffer 40!

- Wenn Sie den Ansatz nicht finden können, dann lesen Sie bitte bei Ziffer 41 die ausführliche Erklärung!

35 Die Wahrscheinlichkeit P(A), daß wenigstens zwei "W" bei den drei Würfen erscheinen, setzt sich zusammen aus der Wahrscheinlichkeit für das zweimalige Auftreten von "W" (= A_1) und für das dreimalige Auftreten von "W" (= A_2). Es handelt sich um eine Summe einander ausschließender Ereignisse. Deshalb können wir das Additionsgesetz anwenden. Es ist

$P(A) = P(A_1) + P(A_2)$.

Es gibt 2^3 = 8 mögliche Ereignisse (zwei mögliche Ereignisse ("W" und "Z") können dreimal auftreten).
Für Ereignis A_2 ist eines dieser 8 möglichen Ereignisse günstig.

Also ist $P(A_2) = \frac{1}{8}$. Auf dieses Ergebnis kann man auch durch Anwendung der Multiplikationsregel kommen. Beim einmaligen Wurf ist die Wahrscheinlichkeit $P("W") = \frac{1}{2}$. Gesucht wird die Wahrscheinlichkeit für das gleichzeitige Auftreten der 3 voneinander unabhängigen Ereignisse "W", eine Aufgabenstellung, die genau der Multiplikationsregel entspricht. Es ist also auch

$P(A_2) = (\frac{1}{2})^3 = \frac{1}{8}$.

Wenn man ohne kombinatorische Hilfsmittel $P(A_1)$ ausrechnen will, muß man die Ereignisse mit dem zweimaligen Auftreten von "W" aus den 8 möglichen Ereignissen aussuchen. Es sind dies die Kombinationen WWZ, WZW und ZWW. Das heißt, drei günstige Ereignisse sind dabei.

Es ist also $P(A_1) = \frac{3}{8}$.
Damit wird $P(A) = P(A_1) + P(A_2) = \frac{4}{8} = \frac{1}{2}$.

● Bitte fahren Sie bei Ziffer 34 fort!

Sie glauben, daß $P(A) = (\frac{1}{32})^3$ ist. **36**

Zuerst eine Frage. Glauben Sie nicht, daß beim dreimaligen Ziehen jeweils einer Karte die Wahrscheinlichkeit für das Ziehen eines As' höher sein müßte als $(\frac{1}{32})^3 = 0,000033$?

$\frac{1}{32}$ ist die Wahrscheinlichkeit, eine genau bestimmte Karte (zum Beispiel Herz-As) zu ziehen. Lesen Sie die Multiplikationsregel noch einmal genau durch und überlegen Sie, welche Wahrscheinlichkeit $(\frac{1}{32})^3$ ausdrückt!

Es ist dies die Wahrscheinlichkeit, dreimal eine bestimmte Karte zu ziehen, zum Beispiel aus jeweils 32 Karten nacheinander Herz-As, Pik-As, Kreuz-As oder drei andere vorher festgelegte Karten.

● Blättern Sie nach Ziffer 34 zurück und lösen Sie die Aufgabe erneut!

Ihrer Meinung nach ist $P(A) = \frac{4}{32} \cdot 3 = \frac{12}{32}$. **37**

Wenn Sie sich dafür entschieden haben, lesen Sie bitte nicht weiter, sondern überlegen Sie erst einmal!

Sie nehmen also an, $\frac{4}{32}$ sei die Wahrscheinlichkeit, ein As zu ziehen. Bis zu dieser Stelle waren Ihre Überlegungen richtig. Bei dreimaligem Ziehen wäre dies nach Ihrer Rechnung aber $\frac{12}{32}$. Stellen Sie sich vor, Sie würden zehnmal ziehen! Dann wäre die "Wahrscheinlichkeit" $\frac{4}{32} \cdot 10 = \frac{40}{32} > 1$. Das kann aber nicht sein. Überlegen Sie deshalb bei Anwendung des Additionsgesetzes immer, ob bei mehrmaliger Durchführung des Experimentes noch vernünftige Ergebnisse erzielt werden.

Überprüfen Sie noch einmal die Gültigkeit des Additionsgesetzes!

33 ● Wählen Sie bitte bei Ziffer 34 eine andere Lösung!

38 Ihre Antwort zeigt, daß Sie richtig schlußfolgern können. Ganz richtig ist Ihre Antwort jedoch nicht. Sie sind richtig von der Komplementärwahrscheinlichkeit ausgegangen. Richtig ist auch die Anwendung der Multiplikationsregel.

Aber denken Sie einmal nach! Wir ziehen aus dem Kartenstoß eine Karte. Die Wahrscheinlichkeit, kein As zu ziehen, ist $\frac{28}{32}$.

Wir ziehen noch einmal. Jetzt sind aber nur 31 Karten da. 27 Karten sind für uns günstig. Die dritte Karte wird aus 30 Karten gezogen, wobei 26 Karten günstig für uns sind. Haben Sie nun Ihren Fehler erkannt?

Ihre Aussage wäre richtig, wenn Sie drei Kartenspiele zu 32 Karten benutzen und aus jedem Spiel eine Karte ziehen würden oder wenn Sie die gezogene Karte wieder zurücklegten.

● Blättern Sie nach Ziffer 34 zurück und wählen Sie die richtige Antwort!

---

39 Sie haben die richtige Lösung gefunden.

$$P(A) = (1 - \frac{28}{32} \cdot \frac{27}{31} \cdot \frac{26}{30}) \approx 0,34.$$

Auf welchem Wege Sie auch hierher gefunden haben, die Grundregeln für die Anwendung des Additionsgesetzes und der Multiplikationsregel haben Sie begriffen. Wußten Sie sofort, daß dies die richtige Lösung ist, dann würden Sie in der Schule eine glatte 1 bekommen. Beim programmierten Unterricht sparen Sie dafür Zeit.

Eine letzte Aufgabe soll nun als Test für Sie gelten. Lösen Sie die Aufgabe, dann haben Sie das bisher Dargelegte verstanden. Sollten Sie noch nicht den Ansatz finden können, dann schlagen Sie bitte Ziffer 42 auf, lesen Sie die Erklärungen aufmerksam und lösen Sie die Ergänzungsaufgabe am Ende der Ziffer.

Die Aufgabe lautet:[1]

> Ist es wahrscheinlicher, in 4 Würfen mindestens einmal die "6" zu würfeln oder daß in 24 Würfen mit zwei Würfeln beide Würfel mindestens einmal zusammen die "6" zeigen?

Bitte überlegen Sie, rechnen Sie und wählen Sie dann eine der folgenden Möglichkeiten:

- "Ich habe die Aufgabe gerechnet und möchte meine Ergebnisse vergleichen." Schlagen Sie bitte Ziffer 44 auf!

- "Ich habe die Wahrscheinlichkeit P_1 ausgerechnet (in 4 Würfen mindestens einmal die "6" zu würfeln), finde aber die andere Wahrscheinlichkeit nicht." Schlagen Sie bitte Ziffer 45 auf!

- "Ich habe die Wahrscheinlichkeit P_2 ausgerechnet (in 24 Würfen mit zwei Würfeln die Doppel "6" zu würfeln), finde aber die andere Wahrscheinlichkeit P_1 nicht." Schlagen Sie bitte Ziffer 46 auf!

Vergessen Sie nicht, daß man auch über die Komplementärwahrscheinlichkeit Ergebnisse finden kann!

---

[1] Diese Aufgabe ist nach dem Chevalier de Mere benannt, der diese Aufgabe dem Mathematiker Pascal vorlegt. Um diese Zeit (1654) entstanden auf der Grundlage der Glücksspiele erste Ansätze wahrscheinlichkeitstheoretischer Betrachtungen. Die obige Aufgabe konnte nur von wenigen Mathematikern gelöst werden.
Chevalier de Mere hat die Lösung dieser Aufgabe empirisch durch Auswürfeln richtig vermutet! (Mußte man damals viel Zeit haben, um derartige Spielereien zu betreiben.)

40 Die Wahrscheinlichkeit, ein As zu ziehen, ist, wie richtig erkannt wurde, $\frac{4}{32}$. Aber $(\frac{4}{32})^3 = (\frac{1}{8})^3 = \frac{1}{512} \approx 0,002$ ist eine so kleine Wahrscheinlichkeit, daß sie für unser Beispiel kaum stimmen kann.

Sie haben die Wahrscheinlichkeit ausgerechnet, dreimal nacheinander ein As zu ziehen. Gefordert wurde aber nur mindestens ein As.
Ein Hinweis: die Wahrscheinlichkeit, mindestens ein As zu ziehen, ist die Komplementärwahrscheinlichkeit dazu, dreimal kein As zu ziehen.

● Vielleicht können Sie nun bei Ziffer 34 eine bessere Antwort finden.

---

41 Sei $P(A_k)$ die Wahrscheinlichkeit, bei dem Versuch genau k As zu ziehen.

Demnach muß sein: $P(A_0) + P(A_1) + P(A_2) + P(A_3) = 1$.

Wir suchen $P(A) = P(A_1) + P(A_2) + P(A_3)$, denn sowohl ein As, als auch zwei oder drei As erfüllen die Bedingungen der Aufgabe. Es ist nun einfacher P(A) wie folgt zu berechnen:

$P(A) = 1 - P(A_0)$;

das heißt, wir bestimmen die gesuchte Wahrscheinlichkeit über die Komplementärwahrscheinlichkeit. Dieses Vorgehen führt zu einfacheren Lösungsmöglichkeiten.

● Und nun versuchen Sie einmal, P(A) selbständig zu bestimmen; wählen Sie bei Ziffer 34 die richtige Antwort!
Die vollständige Lösung steht bei Ziffer 42.

Wir müssen P(A) bestimmen. Zuerst wollen wir wissen, was beim ersten Ziehen für eine Wahrscheinlichkeit $P(A_0)$ existiert. Wir wenden die klassische Formel zur Bestimmung der Wahrscheinlichkeit $P = \frac{m}{n}$ an. Möglich (n) sind beim Ziehen aus einem Stoß von 32 Karten natürlich 32 Ergebnisse. Also ist n = 32. Günstig sind für A_0 alle Karten außer den 4 Assen. Also ist m = 32 − 4 = 28.
$P(A_0)$ beim erstmaligen Ziehen ist also $\frac{28}{32}$. Die Versuchsbedingungen verlangen, daß wir dreimal ziehen.

Wir suchen also die Wahrscheinlichkeit für das gleichzeitige Auftreten mehrerer (es sind drei) Ereignisse (bei jedem Zug kein As zu ziehen). Unabhängig sind die Ereignisse nicht (!), denn wenn wir einmal gezogen haben, sind es nur noch 31 Karten, von denen lediglich 27 für uns günstig sind. Wir können also die Wahrscheinlichkeit $\frac{28}{32}$ nicht mit 3 potenzieren ($(\frac{28}{32})^3$), sondern müssen diese Wahrscheinlichkeit, entsprechend der beim jeweiligen Zug neu entstehenden Versuchsbedingungen, verändern. Dann sind die drei Versuche unabhängig voneinander, und (bitte überprüfen Sie die Voraussetzungen für die Anwendung) wir können die Multiplikationsregel anwenden.

Es ist also $P = \frac{28}{32}$ beim ersten Zug,

$P = \frac{27}{31}$ beim zweiten Zug und

$P = \frac{26}{30}$ beim dritten Zug.

Dann ist $P(A_0) = \frac{28}{32} \cdot \frac{27}{31} \cdot \frac{26}{30} = \frac{819}{1240} \approx 0,660$

Unsere gesuchte Wahrscheinlichkeit P(A) war (vergleiche Ziffer 41):
$P(A) = 1 - P(A_0)$
also ist
$P(A) = 1 - 0,66 = 0,34$.

Mit einer Wahrscheinlichkeit von rund $\frac{1}{3}$ ziehen wir mindestens 1 As.

> Sind Sie in Ihrem Wissen über die Anwendung des Additionsgesetzes und der Multiplikationsregel nicht ganz sicher, rechnen Sie doch noch $P(A_1)$, $P(A_2)$ und $P(A_3)$ aus.

- Eine Hilfestellung finden Sie bei Ziffer 43.
  $P(A_1) = \ldots\ldots$
  $P(A_2) = \ldots\ldots$
  $P(A_3) = \ldots\ldots$

- Um die nächste Aufgabe zu rechnen, schlagen Sie bitte Ziffer 39 auf!

---

43 $P(A_1)$ ist die Wahrscheinlichkeit, ein As zu ziehen. Diese Karte kann beim ersten Zug, beim zweiten Zug oder beim dritten Zug gezogen werden. Die Wahrscheinlichkeit, beim ersten Zug ein As zu ziehen, ist $\frac{4}{32}$. Die Wahrscheinlichkeit, beim zweiten Zug k e i n As zu ziehen, ist $\frac{28}{31}$. Die Wahrscheinlichkeit, beim dritten Zug auch k e i n As zu ziehen; ist also......

Sie haben gemerkt: Die Ergebnisse des vorherigen Experiments müssen in die Wahrscheinlichkeit eingehen. Nun braucht nur noch die .... angewendet zu werden. Damit haben wir die Wahrscheinlichkeit errechnet, wenn beim ersten Zug das As gezogen wird.

Die zweite Möglichkeit ist, beim zweiten Zug ein As zu ziehen. Es ergibt sich wie oben. Die Wahrscheinlichkeit, beim ersten Zug k e i n As zu ziehen, ist $\frac{28}{32}$, beim zweiten Zug ein As zu ziehen, ist $\frac{4}{31}$, und beim dritten Zug kein As zu ziehen, ist...... .

Und nun die dritte Möglichkeit. Die Wahrscheinlichkeit, beim ersten Zug k e i n As zu ziehen, ist $\frac{28}{32}$, beim zweiten Zug auch k e i n As zu ziehen, ist ......, und beim dritten Zug ein As zu ziehen, ist $\frac{4}{30}$.

38

Da es sich bei diesen drei Möglichkeiten um einander ausschließende Ereignisse handelt, können wir das .... anwenden. $P(A_1)$ ist damit bestimmt.

$P(A_2)$ ist die Wahrscheinlichkeit, genau zwei Asse zu ziehen. Eine von einem As abweichende Karte muß also gezogen werden. Diese kann im ersten, zweiten oder dritten Zug gezogen werden. Wieder haben wir drei Möglichkeiten, die Sie aber jetzt selbst finden werden. Verwenden Sie dabei dasselbe Schema wie bei $P(A_1)$.

$P(A_3)$ ist die Wahrscheinlichkeit, drei Asse hintereinander zu ziehen. Hier haben wir nur eine Möglichkeit. Die drei zu multiplizierenden Wahrscheinlichkeiten bestimmen sich wie folgt:

$$\frac{4}{32} \cdot \frac{...}{31} \cdot \frac{2}{..}.$$

Überschlagen Sie bitte erst einmal, ob diese Wahrscheinlichkeit noch einen zu berücksichtigenden Einfluß ausübt, wenn wir mit 4 Stellen nach dem Komma rechnen wollen.

Dann bilden wir $\sum_{k=1}^{3} P(A_k)$ und wissen, daß $P(A_0) + \sum_{k=1}^{3} P(A_k) = 1$
sein muß. Damit haben wir die Probe durchgeführt.
So schwer ist also die Berechnung gar nicht gewesen!

39 ● Blättern Sie wieder nach Ziffer 39 zurück!

44 Die Wahrscheinlichkeit, bei 4 Würfen mindestens eine "6" zu würfeln, ist das Komplementärereignis dazu, keine "6" zu würfeln.
Also ist

$$P_1 = 1 - (\frac{5}{6})^4 \quad \text{(Multiplikationsregel)}$$
$$= 1 - \frac{625}{1296} = 0,518 > \frac{1}{2}$$

Die Wahrscheinlichkeit P_2, in 24 Würfen mit zwei Würfeln mindestens einmal die doppelte "6" zu werfen, wird ebenfalls mit der Multiplikationsregel errechnet:

$$P_2 = 1 - (\frac{35}{36})^{24} \approx 1 - 0,5096 = 0,491 < \frac{1}{2}$$

Die Frage ist also eindeutig beantwortbar.

Mit obigem Beispiel der 4 Würfe wollen wir jetzt einen sehr nützlichen Anwendungsfall der Multiplikationsregel, das Bernoullische Schema, erläutern.

● Schlagen Sie bitte Ziffer 47 auf!

Sie haben also Ihrer Meinung nach die Wahrscheinlichkeit P_1 richtig bestimmt und haben demnach gefunden, daß

$$P_1 = 1 - (\frac{5}{6})^4 \approx 0,518 > \frac{1}{2} \quad \text{ist.}$$

Wenn Sie eine andere Lösung haben, dann überlegen Sie sich bitte die Ursachen Ihres Fehlers.

Sie wissen nicht, wie die Wahrscheinlichkeit P_2 gefunden werden kann? Auch hier handelt es sich um den Eintritt eines Ereignisses "mindestens einmal". Also empfiehlt es sich, da wir nicht alle möglichen Wahrscheinlichkeiten ausrechnen wollen (wir müßten zum Beispiel ausrechnen: wie hoch ist die Wahrscheinlichkeit, in den 24 Würfen genau 24 mal, 23 mal usw. doppelt "6" zu würfeln; das sind 24 Berechnungen!), auch hier von der Komplementärwahrscheinlichkeit auszugehen. Zuerst beantworten wir die Frage, wieviel mögliche Ereignisse auftreten können. Das wissen wir: es sind $n = 6 \cdot 6 = 36$. Von diesen 36 Möglichkeiten sind 35 günstig für das Komplementärereignis, und nur eine Möglichkeit ist günstig für das Würfeln von doppelt "6".

Also ist $\bar{P}_2 = \frac{m}{n} = \frac{35}{36}$. Wir führen 24 Würfe aus, die voneinander unabhängig sind. Wir können also die Multiplikationsregel anwenden. Danach ist

$$P_2 = 1 - (\ldots)^{\cdots}.$$

● Alles Übrige lesen Sie bitte bei Ziffer 44 nach!

46 Sie haben also P_2 richtig ausgerechnet.

$$P_2 = 1 - \left(\frac{35}{36}\right)^{24}.$$

Haben Sie das auch? Nein? Dann suchen Sie bitte Ihren Fehler und überlegen Sie, warum obiges Ergebnis richtig ist!

Ja? Dann haben Sie die schwierigere Aufgabe richtig gelöst. Die Wahrscheinlichkeit P_1 wird dann auch leicht zu finden sein. Wir gehen wieder von der Komplementärwahrscheinlichkeit aus.

Dafür ist $\frac{m}{n} = \frac{5}{6}$. Viermal soll gewürfelt werden. Viermal führen wir also voneinander unabhängige Versuche aus. Nun wissen Sie Bescheid? Aber natürlich muß hier die Multiplikationsregel angewendet werden!

Also ist $P_1 = 1 - (\ldots)^{\ldots}$

● Alles Übrige lesen Sie bitte bei Ziffer 44 nach!

---

47 Wir hatten im besprochenen Beispiel viermal zu würfeln. Gesucht wurde die Wahrscheinlichkeit, dabei mindestens einmal "6" zu würfeln. Wir können nun auch nach der Wahrscheinlichkeit fragen,

keine 6 zu werfen $\left[P_4(0)\right]$,

in 4 Würfen genau einmal eine 6 zu werfen $P_4(1)$,
           genau zweimal eine 6 zu werfen $P_4(2)$,
           genau dreimal eine 6 zu werfen $P_4(3)$,
           genau viermal eine 6 zu werfen $P_4(4)$.

Wir wissen $P_4(0) = \left(\frac{5}{6}\right)^4$.

Wenn wir $P_4(1)$ berechnen wollen, müssen wir beachten, daß das Auftreten des Ereignisses Würfeln einer "6" an vier verschiedenen Stellen in der Reihenfolge der Ereignisse erfolgen kann.

Deswegen ist $P_4(1) = 4 \left(\frac{5}{6}\right)^3 \left(\frac{1}{6}\right)^1$.

Nach den Gesetzen der Kombinatorik entspricht der Koeffizient (in unserem Beispiel 4) genau dem Ausdruck

$$\binom{n}{k} = \frac{n(n-1)\ldots(n-k+1)}{k(k-1)\ldots 2\cdot 1} = \frac{n!}{k!(n-k)!}$$ [1]

Dabei ist n die Zahl der (voneinander unabhängigen) Versuche, k ist die Zahl der günstigen Ereignisse.

Erläutern wir dies am obigen Beispiel. Gesucht ist $P_4(1)$

n = Zahl der Versuche = 4

k = Zahl der günstigen Ereignisse, hier die Zahl des Würfelns einer "6" = 1

Also ist $P_4(1) = \binom{4}{1}(\frac{5}{6})^3(\frac{1}{6})^1 = \frac{4!}{1!\,3!}(\frac{5}{6})^3(\frac{1}{6})^1 = \ldots$

Berechnen wir so auch

$P_4(2) = \binom{4}{2}(\frac{5}{6})^2(\frac{1}{6})^2 = \ldots\ldots$

$P_4(3) = \ldots\ldots\ldots\ldots\ldots = \ldots\ldots$

$P_4(4) = \binom{4}{4}(\frac{1}{6})^4 \quad\quad = \ldots\ldots$

Und wenn wir daran denken, daß

$0! = 1$,

können wir auch $P_4(0)$ so ausrechnen.

$P_4(0) = \ldots\ldots\ldots\ldots\ldots = \ldots\ldots$

Selbstverständlich muß sein $\sum_{i=0}^{n} P_4(i) = \ldots\ldots$,

denn es werden alle Möglichkeiten der Versuchsergebnisse mit diesen Wahrscheinlichkeiten erfaßt.

● Lesen Sie weiter bei Ziffer 48.

---

[1] Wir wissen, daß n! eine Schreibweise ist für
$n! = n(n-1)(n-2)\ldots 2\cdot 1$

48 Allgemein können wir sagen:

Werden n unabhängige Versuche durchgeführt und ist bei jedem dieser Versuche die Wahrscheinlichkeit des Ereignisses A gleich p, so ist die Wahrscheinlichkeit für das k-malige Eintreten des Ereignisses A:

$$P_n(k) = \binom{n}{k} p^k (1-p)^{n-k}$$

Selbstverständlich ist:

$$\sum_{k=0}^{n} P_n(k) = 1$$

Dieses wird als Bernoullisches Schema bezeichnet.
Versuchen Sie nun, Ihre Kenntnisse anzuwenden!

> Baumwollfasern einer bestimmten Sorte haben in der Regel zu 75 Prozent eine Länge, die unter 45 mm liegt (A), und 25 Prozent der Baumwollfasern sind länger als 45 mm ($\overline{A}$). Bestimmen Sie mit dem Bernoullischen Schema die Wahrscheinlichkeit, daß unter drei beliebig herausgegriffenen Fasern keine ($P_3(0)$), eine ($P_3(1)$), zwei ($P_3(2)$) oder drei ($P_3(3)$) Fasern kürzer als 45 mm sind (Ereignis A).

- Können Sie die Wahrscheinlichkeiten $P(A)$ und $P(\overline{A})$ nicht bestimmen, dann lesen Sie Ziffer 49!

- Können Sie den Ansatz nicht finden, oder wollen Sie die obigen Formeln zuerst noch etwas vertiefen, dann lesen Sie bitte bei Ziffer 50 weiter!

- Haben Sie $P_3(2) = \frac{9}{64}$ erhalten? Dann schlagen Sie bitte Ziffer 51 auf!

- Haben Sie ein anderes Ergebnis erhalten, dann schlagen Sie bitte Ziffer 52 auf!

49

Sie können P(A) nicht bestimmen.

Sie wissen, daß es zwei Möglichkeiten zur Bestimmung der Wahrscheinlichkeit gibt:

1. die klassische Bestimmung
2. die .... Bestimmung.

Die klassische Bestimmung ist hier nicht anwendbar, weil eine theoretisch sehr große Gesamtheit von Möglichkeiten angenommen wird.

Aber die statistische Definition ist doch schon in der Aufgabenstellung gegeben. 75 % = $\frac{75}{100}$ entsprechen der Länge, die zu Ereignis A gehört.

Also ist $P(A) = \frac{...}{4}$

Und es ist $P(\overline{A}) = 1 - P(A) = \frac{1}{4}$.

● Versuchen Sie nun, die Aufgabe erneut zu lösen, und wählen Sie bei Ziffer 48 eine andere Antwort!

50

Sie sind noch nicht ganz sicher bei der Anwendung der Formeln. Wir wollen Ihnen etwas helfen. Warum der Binomialkoeffizient $\binom{n}{k}$ in obiger Formel steht, lesen Sie bitte in einer Abhandlung über Kombinatorik nach. Das behandeln wir hier nicht. Doch soll an einem plausibleren, aus Ihrem Privatleben gegriffenen Beispiel die Entstehung der Binomialkoeffizienten und die Anwendung der Formel erläutert werden.

Sie haben im August 3 Tage Urlaub. Aus langjährigen Messungen wurde bestimmt, daß mit einer Wahrscheinlichkeit $p(A) = \frac{5}{6}$ an einem Augusttag schönes Wetter herrscht.

■ Die Wahrscheinlichkeit wurde also .... bestimmt.

(Es soll nicht interessieren, was unter schönem Wetter verstanden werden soll; auch ist diese Wahrscheinlichkeit nie exakt bestimmt worden).

Nun interessieren die Wahrscheinlichkeiten
  $P_3(0)$, daß drei Tage nur schlechtes Wetter herrscht,
  $P_3(1)$, daß nur ein Tag schönes Wetter ist,
  $P_3(2)$, daß zwei Tage schönes Wetter herrscht und
  $P_3(3)$, daß drei Tage schönes Wetter ist.

Betrachten wir jetzt $P_3(2)$. Es kann am ersten Tag schlechtes Wetter sein. Dafür wäre die Wahrscheinlichkeit $\frac{1}{6} \cdot \frac{5}{6} \cdot \frac{5}{6}$; es kann am zweiten Tag schlechtes Wetter sein, also ist die Wahrscheinlichkeit $\frac{5}{6} \cdot \frac{1}{6} \cdot \frac{5}{6}$; es kann am letzten Tag schlechtes Wetter sein, dann haben wir die Wahrscheinlichkeit $\frac{5}{6} \cdot \frac{5}{6} \cdot \frac{1}{6}$. Zusammen ergibt das $3 \cdot (\frac{1}{6})^1 \cdot (\frac{5}{6})^2$, und das wäre genau unsere Formel, denn

$$P_3(2) = \binom{3}{2} (\frac{1}{...}) (\frac{5}{6})^2 = \ldots\ldots$$

Versuchen Sie nun auch $P_3(1)$ auszurechnen! Es ergibt sich:

$$P_3(1) = \ldots\ldots\ldots = \ldots\ldots$$

$P_3(0) = \ldots$ und $P_3(3) = \ldots$ können Sie nach der Multiplikationsregel oder nach dem Bernoullischen Schema ausrechnen.

Dann können Sie die Summe bilden. Es ist

$$\sum_{i=0}^{3} P_3(i) = \ldots\ldots$$

Jetzt noch eine Testfrage. Wenn Sie diese Frage beantworten können, dann haben Sie das Bernoullische Schema verstanden.

Sie fahren 14 Tage in Urlaub. Wie groß ist die Wahrscheinlichkeit, daß Sie genau 10 Tage schönes und 4 Tage schlechtes Wetter haben, wenn Sie von der Wahrscheinlichkeit $\frac{5}{6}$ ausgehen?

$P_{14}(10) = \ldots\ldots$ (Sie brauchen nur den Ansatz aufzuschreiben)

● Nun können Sie die Aufgabe in Ziffer 48 bestimmt lösen!

51

$P_3(2) = \frac{9}{64}$?

Das ist aber ein eigenartiges Ergebnis.

- Prüfen Sie noch einmal die Aufgabenstellung bei Ziffer 48!
  Wenn Sie kein anderes Ergebnis finden, dann schlagen Sie bitte Ziffer 50 auf!

52

Ihr Ergebnis kann richtig sein!

Bitte führen Sie selbst die Probe durch:

Ist $\sum_{i=0}^{3} P_3(i) = 1$

und ist $P_3(2) = \binom{3}{2} \left(\frac{3}{4}\right)^2 \left(\frac{1}{4}\right)^1$? Ja!

Dann stimmt Ihr Ergebnis.

> Haben Sie das nicht erhalten, dann lesen Sie bitte die Erklärungen bei Ziffer 50!

Wir wollen jetzt das Pascalsche Dreieck kennenlernen. Es ist ein interessantes Hilfsmittel bei der Bestimmung der Binomialkoeffizienten.

Pascalsche Dreieck:

```
0                           1
1                        1     1
2                     1     2     1
3                  1     3     3     1
4               1     4     6     4     1
5            1     5    10    10     5     1
6         1     6    15    20    15     6     1
7
8
9
10
```

Bei diesem Zahlenschema ist jede Zahl die Summe der beiden über ihr stehenden Zahlen. Diese Zahlen entsprechen den Binomialkoeffizienten $\binom{n}{k}$ der Bernoullischen Formel.

Für das letzte Beispiel sind die Koeffizienten (vergleiche die 3. Zeile des Pascalschen Dreiecks) für

$P_3(0): 1 = \binom{3}{0}$; $P_3(2): 3 = \binom{3}{2}$;

$P_3(1): 3 = \binom{3}{1}$; $P_3(3): 1 = \binom{3}{3}$.

Wir erkennen folgende Besonderheiten der Binomialkoeffizienten:

Die Binomialkoeffizienten sind

1. symmetrisch,
2. für $\binom{n}{n}$ und $\binom{n}{0}$ gleich 1 und
3. für $\binom{n}{n-1}$ gleich n.

Vervollständigen Sie das Schema bis n = 10, und rechnen Sie dann aus, wie groß die Wahrscheinlichkeit ist, daß wir bei 10 gezogenen Fäden (das Beispiel bei Ziffer 48) 6 mit der Eigenschaft A und 4 mit der Eigenschaft $\bar{A}$ finden!

$P_{10}(6) = \ldots$

Lösen Sie bitte jetzt den Aufgabenkomplex 2!

AUFGABENKOMPLEX 2

1. Bei einem Versuch wurden aus einem Kartenspiel zu 32 Karten wiederholt 5 Karten gezogen. Die Karten wurden als gleich bezeichnet, wenn sie denselben Wert hatten.

    Es ergaben sich folgende Ergebnisse bei 1 000 Ziehungen:

5 verschiedene Karten	281 mal	$h_{rel} = \ldots$
2 gleiche, 3 verschiedene	528 mal	$h_{rel} = \ldots$
2 x 2 gleiche, 1 verschiedene	113 mal	$h_{rel} = \ldots$
3 gleiche, 2 verschiedene	69 mal	$h_{rel} = \ldots$

2 gleiche, 3 gleiche	7 mal	$h_{rel} = \ldots$
4 gleiche	2 mal	$h_{rel} = \ldots$

(Die Aufgabenstellung entspricht dem Pokerspiel).

a) Berechnen Sie die relative Häufigkeit aller Kartenverteilungen.
b) Berechnen Sie die Wahrscheinlichkeit für
   1. 5 verschiedene Karten $p = \ldots$
   2. 2 gleiche, 3 verschiedene Karten $p = \ldots$
   3. 4 gleiche Karten $p = \ldots$

(Zu 1. und auch 2. brauchen Sie nur den Ansatz aufzuschreiben.)

2. Berechnen Sie die Wahrscheinlichkeit, aus 90 verschiedenen Kugeln 5 vorgegebene zu ziehen! (Das ist die Wahrscheinlichkeit, im Zahlenlotto einen Fünfer zu haben.)

3. Zehn chemische Versuche werden durchgeführt. Man weiß aus Erfahrung, daß durchschnittlich nur $\frac{2}{5}$ der Versuche ein gewünschtes Resultat zeigen.

   a) Wie groß ist die Wahrscheinlichkeit, daß genau 8 Versuche das gewünschte Ergebnis zeigen?

   b) Wie groß ist die Wahrscheinlichkeit, daß mindestens 8 Versuche das Resultat zeigen?

Benutzen Sie zum Berechnen die Tabelle 5 des Anhangs. Dort sind für ausgewählte Werte des Bernoullischen Schemas die Wahrscheinlichkeiten ausgerechnet. Überlegen Sie die Berechnungen für $p > 0,5$. Prüfen Sie Ihre bisherigen Berechnungen nach.

Wir beschäftigen uns nun mit einem neuen Komplex, der bedingten Wahrscheinlichkeit.

● Schlagen Sie dazu Ziffer 53 auf!

53 Zuerst soll der Begriff der bedingten Wahrscheinlichkeit definiert werden:

Wenn A und B zwei beliebige Ereignisse sind, so wird als bedingte Wahrscheinlichkeit P(A/B) (sprich P von A unter Voraussetzung von B) diejenige Wahrscheinlichkeit P(A) bezeichnet, die auftritt, wenn das Ereignis B schon eingetreten ist.

Verdeutlichen wir uns diese Bezeichnungsweise an einem Beispiel:

Zwei Werke stellen einen bestimmten Artikel her. Insgesamt werden in beiden Werken 1 000 Artikel hergestellt. Von diesen Artikeln erfüllt nur ein bestimmter Teil die vorgeschriebenen Normen. Bezeichnen wir die Erfüllung der Normbedingungen als Ereignis A und die Herstellung der Artikel im Betrieb 1 als Ereignis B. Im Betrieb 1 wurden 700 Artikel hergestellt, im Betrieb 2 folglich 300 Artikel. Normgerecht sind im Betrieb 1 durchschnittlich 83 Prozent und im Betrieb 2 durchschnittlich 63 Prozent der Artikel. Suchen wir also die Wahrscheinlichkeit dafür, daß ein Erzeugnis normgerecht wurde, dann ist das P(A/B) = 0,83.

Ist dann

- 0,63 = P($\bar{B}$)? Dann lesen Sie bitte Ziffer 54!
- 0,63 = P(A/$\bar{B}$)? Dann lesen Sie bitte Ziffer 55!
- 0,63 = P($\bar{A}$/B)? Dann schlagen Sie bitte Ziffer 56 auf!

Sie meinen $P(\bar{B}) = 0,63$ sei richtig? Das ist falsch! **54**

$P(\bar{B})$ ist doch die Wahrscheinlichkeit, daß ein Artikel im Betrieb 2 hergestellt wurde.

Von den 1 000 Artikeln sind aber nur 300 und nicht 630 ($P = 0,63$) im Betrieb 2 hergestellt.

■ Folglich beträgt $P(\bar{B}) = \ldots$.

● Bitte wählen Sie bei Ziffer 53 eine andere Lösung!

Sie haben recht! $P(A/\bar{B}) = 0,63$. **55**

Eine bedingte Wahrscheinlichkeit kann aber auch aus den uns bekannten Wahrscheinlichkeitsbegriffen errechnet werden.

Es ist immer

$$P(A/B) = \frac{P(A \cdot B)}{P(B)}$$

(Voraussetzung ist: $P(B) \neq 0$)

Für unser Beispiel ergibt sich:

$P(A \cdot B)$ ist die Wahrscheinlichkeit, daß der Artikel sowohl im Betrieb 1 hergestellt als auch normgerecht ist. Von den 700 Produkten des Betriebes 1 sind 83 Prozent normgerecht, also $700 \cdot 0,83 = 581$.

Es folgt:
$$P(A \cdot B) = \frac{581}{1\,000} = 0,581$$
$P(B) = 0,7.$
Demnach ist $P(A/B) = \frac{0,581}{0,7} = 0,83.$

Berechnen Sie $P(\bar{A}/\bar{B}) = \ldots$.

Anmerkung: Sie können die Wahrscheinlichkeit zur Nachprüfung der Ergebnisse auch nach der klassischen Formel zur Bestimmung der Wahrscheinlichkeiten berechnen!

> Versuchen Sie nun, durch Umstellung obiger Formel die Wahrscheinlichkeit zu berechnen, daß ein zufällig ausgewähltes normgerechtes Erzeugnis aus Werk 1 stammt!

- Ist $P(B/A) = \frac{0,581}{0,83}$? Dann lesen Sie bitte bei Ziffer 57 weiter!
- $P(B/A) = \frac{0,581}{0,77}$? Dann lesen Sie bitte bei Ziffer 58 weiter!
- $P(B/A) = \frac{0,581}{0,63}$? Dann lesen Sie bitte bei Ziffer 57 weiter!
- Wollen Sie nähere Lösungshinweise erhalten, so schlagen Sie bitte Ziffer 59 auf!

56

Sie meinen P(Ā/B) = 0,63 sei richtig?

Vergleichen wir dazu noch einmal die Erklärung in Ziffer 53 und setzen dazu unsere Bezeichnungen ein.

Als bedingte Wahrscheinlichkeit P(Ā/B) wird diejenige Wahrscheinlichkeit P(Ā) bezeichnet, die auftritt, wenn das Ereignis B schon eingetreten ist.

Das wäre also die Wahrscheinlichkeit der nichtnormgerechten Produktion unter der Voraussetzung, daß der Artikel im Werk 1 (Ereignis B) hergestellt wurde. Von den 700 Artikeln des Werkes 1 sind aber 100 % − 83 % = 17 % der Artikel nicht normgerecht.

Also ist P(Ā/B) = ...
Ihre Lösung ist also falsch!

53 ● Wählen Sie bitte bei Ziffer 53 eine andere Antwort!

57 Sie haben die Wahrscheinlichkeit P(A) falsch bestimmt!

Es ist $P(B/A) = \dfrac{P(A \cdot B)}{P(A)}$.

P(A) ist aber nicht 0,83, denn P(A/B) = 0,83.
P(A) ist auch nicht 0,63, denn $P(A/\overline{B}) = 0{,}63$.

Überlegen wir:

1 000 Artikel existieren. 700 werden im Betrieb 1 hergestellt. Von diesen 700 Artikeln sind 83 Prozent normgerecht. Aus dem Betrieb 1 stammen also 0,83 · 700 = 581 normgerechte Artikel.

Aus Betrieb 2 kommen 300 Artikel; davon sind 63 Prozent normgerecht. Folglich liefert dieser Betrieb 300 · 0,63 = 189 normgerechte Artikel. Insgesamt sind also 770 Artikel normgerecht.

Demnach ist P(A) = ...

● Nun können Sie bestimmt die richtige Antwort bei Ziffer 55 wählen.

Sie haben richtig gerechnet!

58

Betrachten wir jetzt die Formel der bedingten Wahrscheinlichkeit noch einmal.

Es war

$$P(A/B) = \frac{P(A \cdot B)}{P(B)}.$$

Es ergibt sich
   $P(A \cdot B) = P(A/B) \cdot P(B).$

Diese Formel gilt auch für $P(B) = 0$! Denn wenn die Wahrscheinlichkeit eines Ereignisses Null ist, muß jedes mit diesem Ereignis gebildete Produkt die Wahrscheinlichkeit Null haben. Wenn jetzt A und B voneinander unabhängig sind, dann hat der Eintritt eines der beiden Ereignisse keinen Einfluß auf das andere Ereignis.

Bei Unabhängigkeit gilt also
   $P(A/B) = P(A)$
und ebenso
   $P(B/A) = P(B).$

Obige Formel der bedingten Wahrscheinlichkeit wird dann zu
   $P(A \cdot B) = P(A) \cdot P(B),$
wenn A und B unabhängig voneinander sind.

Das ist aber genau die Multiplikationsregel der Wahrscheinlichkeitsrechnung für 2 Ereignisse.

● Lesen Sie nun bitte bei Ziffer 60 weiter!

59 Wir wollen nun versuchen, den Ansatz gemeinsam zu finden.

Wir betrachten zuerst die Formel der bedingten Wahrscheinlichkeit
$$P(A/B) = \frac{P(A \cdot B)}{P(B)}.$$

Nun suchen wir aber P(B/A). Ersetzen wir in der obigen Formel also A durch B und B durch A, dann erhalten wir
$$P(B/A) = \frac{P(B \cdot A)}{P(A)}.$$

Wir müssen jetzt $P(B \cdot A)$ und $P(A)$ bestimmen. Betrachten wir zuerst $P(B \cdot A)$. Die Wahrscheinlichkeit eines Produktes von Ereignissen ist unabhängig von der Reihenfolge der Faktoren. (Vergleichen Sie dazu Ziffer 5 und Ziffer 30).

Demnach ist $P(B \cdot A) = P(A \cdot B)$. Diese Wahrscheinlichkeit hatten wir aber schon berechnet.

Versuchen Sie nun selbst P(A) auszurechnen, indem Sie die Anzahl der normgerechten Artikel unter den 1 000 insgesamt erzeugten Artikeln feststellen.

- Gelingt es Ihnen nicht, P(A) zu bestimmen, lesen Sie bitte die Erläuterungen in Ziffer 57!
- Sonst können Sie bei Ziffer 55 das richtige Ergebnis wählen.

---

60 Wir wollen jetzt den Satz von der totalen Wahrscheinlichkeit kennenlernen. Ohne es zu wissen, haben wir diesen Satz schon bei der Berechnung von P(A) des Beispiels von Ziffer 55 benutzt.

Es war:
$$P(A) = P(B) \cdot P(A/B) + P(\bar{B}) \cdot P(A/\bar{B})$$

Prüfen Sie dies anhand der Aufgabenstellung in Ziffer 55 und der Erläuterungen in Ziffer 57 nach!

Wir formulieren diesen Zusammenhang statt für 2 Ereignisse nun für n Ereignisse.

Satz über die totale Wahrscheinlichkeit:

Ergeben n zufällige, einander ausschließende Ereignisse A_1, $A_2 \ldots A_n$ als Summe das sichere Ereignis (das heißt $\sum_{i=1}^{n} P(A_i) = 1$), dann kann man die Wahrscheinlichkeit für ein beliebiges Ereignis B durch folgende Beziehung berechnen:

$$P(B) = P(A_1) \cdot P(B/A_1) + P(A_2) \cdot P(B/A_2) + \ldots + P(A_n) \cdot P(B/A_n)$$
$$= \sum_{i=1}^{n} P(A_i) \cdot P(B/A_i).$$

Berechnen Sie mit diesem Satz das folgende Beispiel:

3 Fabriken stellen das gleiche Erzeugnis her. Fabrik 1 liefert 60 Prozent, Fabrik 2 30 Prozent und Fabrik 3 10 Prozent der Erzeugnisse. Bestimmte Qualitätsnormen erfüllen 90 Prozent der Erzeugnisse von Fabrik 1, 80 Prozent der Erzeugnisse von Fabrik 2 und 60 Prozent der Erzeugnisse von Fabrik 3.

Bezeichnen wir mit A_i (i=1, 2, 3) das Ereignis, daß ein zufällig herausgegriffenes Erzeugnis aus Werk i stammt und mit B, daß es die Qualitätsnormen erfüllt.

Berechnen Sie P(B)!

- Ist P(B) = 0,84, dann schlagen Sie Ziffer 61 auf!
- Haben Sie ein anderes Ergebnis, dann lesen Sie bitte bei Ziffer 62 weiter!
- Möchten Sie den Lösungsansatz erläutert haben, blättern Sie bitte nach Ziffer 63!

61 Sie haben recht!

Es ist $P(B) = 0,6 \cdot 0,9 + 0,3 \cdot 0,8 + 0,1 \cdot 0,6 = 0,84$.

Zum Schluß dieses Teiles wollen wir den Satz von Bayes ableiten. Wir wissen, daß

$$P(A/B) = \frac{P(A \cdot B)}{P(B)} \text{ ist. } (P(B) \neq 0; \text{ vergleichen Sie dazu Ziffer 55!})$$

Dies ergibt: $P(A \cdot B) = P(A/B) \cdot P(B)$.

Statt A können wir ohne Beschränkung der Allgemeinheit auch A_i schreiben. Also ist

$$P(A_i/B) = \frac{P(A_i \cdot B)}{P(B)} \ .$$

Weiter ist
$$P(A_i \cdot B) = P(A_i) \cdot P(B/A_i).$$

Diesen Ausdruck setzen wir in die vorhergehende Formel ein. Wir erhalten dann

$$P(A_i/B) = \frac{P(A_i) \cdot P(B/A_i)}{P(B)}.$$

Für den Nenner $P(B)$ wenden wir den Satz von der totalen Wahrscheinlichkeit an und erhalten dann den

Satz von Bayes:
$$P(A_i/B) = \frac{P(A_i) \cdot P(B/A_i)}{\sum_{i=1}^{n} P(A_i) \cdot P(B/A_i)} \ ;$$

es gelten hier dieselben Voraussetzungen wie beim Satz über die totale Wahrscheinlichkeit.

Also:

> Die Ereignisse A_i (i = 1, 2, ... n) sind ..., einander ... Ereignisse, deren Summe das sichere Ereignis ergibt.

Das Rechenbeispiel in Ziffer 60 soll uns auch jetzt die Aussage des Satzes von Bayes verdeutlichen helfen. Beim Satz von der totalen Wahrscheinlichkeit fragen wir nach der Wahrscheinlichkeit, daß ein Erzeugnis qualitätsgerecht sei.

Jetzt wollen wir die Wahrscheinlichkeit wissen, daß ein zufällig herausgegriffenes qualitätsgerechtes Erzeugnis aus Betrieb i kommt.

> Wie groß ist also die Wahrscheinlichkeit, daß ein zufällig herausgegriffenes qualitätsgerechtes Erzeugnis aus Betrieb 3 stammt?

- Ist $P(A_3/B) > 0,5$? Schlagen Sie Ziffer 64 auf!
- $P(A_3/B) \geq 0,1$? Schlagen Sie Ziffer 65 auf!
- $P(A_3/B) < 0,1$? Schlagen Sie Ziffer 66 auf!
- Ein weiteres Beispiel finden Sie in Ziffer 67!

62

Sie haben ein anderes Ergebnis als $P(B) = 0,84$ erhalten?

Dann ist Ihr Ergebnis leider falsch. Bitte überprüfen Sie, ob Sie die nachfolgenden Wahrscheinlichkeiten auch so eingesetzt haben:

$P(A_1) = 0,6$	$P(B/A_1) = 0,9$
$P(A_2) = 0,3$	$P(B/A_2) = 0,8$
$P(A_3) = \ldots$	$P(B/A_3) = \ldots$

Nun brauchen Sie diese Angaben nur noch in die Formel für die Bestimmung der totalen Wahrscheinlichkeit $P(B)$ einzusetzen. Dann erhalten Sie das richtige Ergebnis.

- Treten bei Ihnen jedoch inhaltliche Unklarheiten über die Bestimmung der Wahrscheinlichkeiten auf, dann lesen Sie bitte noch die Erklärungen in Ziffer 63!

63 Versuchen wir den Lösungsansatz in Worte zu kleiden. Wir suchen die Wahrscheinlichkeit, daß ein bestimmtes Erzeugnis normgerecht ist (P(B)). Gegeben ist die Wahrscheinlichkeit, daß ein Erzeugnis aus einem bestimmten Betrieb i stammt ($P(A_i)$). Weiter kennen wir die Wahrscheinlichkeit, daß es normgerecht ist, wenn es aus einem bestimmten Betrieb i kommt. Das ist genau $P(B/A_i)$.

Gehen wir nun noch einmal zum Beispiel der Ziffer 53 zurück. Für dieses Beispiel ist Ereignis A die Normgerechtheit eines Erzeugnisses, Ereignis B die Herstellung im Betrieb 1, Ereignis $\bar{B}$ die Herstellung im Betrieb 2. Wir fanden,

daß $P(A/B) = 0,83$
und $P(A/\bar{B}) = 0,63$ ist.

Weiter waren
$P(B) = 0,7$
und $P(\bar{B}) = 0,3$.

Bei Ziffer 57 haben wir dann ausgerechnet, daß ein zufälliges Erzeugnis nach der Formel
$P(A) = P(B) \cdot P(A/B) + P(\bar{B}) \cdot P(A/\bar{B})$
$= 0,83 \cdot 0,7 \quad + 0,63 \cdot 0,3 = 0,77$
normgerecht ist.

Da haben Sie schon, ohne es zu wissen, den Satz von der totalen Wahrscheinlichkeit benutzt.

> Berechnen Sie jetzt die Wahrscheinlichkeiten entsprechend unserer Aufgabe in Ziffer 60, und wenden Sie dann die Formel der totalen Wahrscheinlichkeit an.

● Wählen Sie dann bei Ziffer 60 eine Lösung!

Als Hilfsmittel können Sie die Wahrscheinlichkeiten erst einmal übersichtlich zusammenstellen.

Vergessen Sie nicht: Ereignis B bedeutet bei Ziffer 63 Herstellung im Werk 1 und in Ziffer 61 Normgerechtheit.

64

Bitte lesen Sie sofort bei Ziffer 65 weiter!

65

Ihr Ergebnis ist falsch!

Wir suchen doch $P(A_3/B)$, das heißt die Wahrscheinlichkeit, daß ein qualitätsgerechtes Erzeugnis aus Betrieb 3 stammt.

Die Formel von Bayes würde für $P(A_3/B)$ wie folgt aussehen:

$$P(A_3/B) = \frac{P(A_3) \cdot P(B/A_3)}{P(A_1) \cdot P(B/A_1) + P(A_2) \cdot P(B/A_2) + P(A_3) \cdot P(B/A_3)}$$

■ Überprüfen Sie bitte Ihre Rechnung!

● Lesen Sie dann weiter bei Ziffer 61!

66

Ihr Ergebnis kann richtig sein!

Es ergibt sich

$$P(A_3/B) = \frac{0,1 \cdot 0,6}{0,6 \cdot 0,9 + 0,3 \cdot 0,8 + 0,1 \cdot 0,6} = 0,071$$

Wenn Sie dieses Ergebnis nicht haben, dann berechnen Sie bitte noch
$P(A_2/B) = \ldots\ldots = \ldots$,
oder rechnen Sie das Beispiel in Ziffer 67 durch!

Im Nenner des obigen Bruches steht übrigens $P(B)$, so daß Sie (vielleicht haben Sie es auch schon selbst gemerkt) die Berechnung des Nenners gar nicht auszuführen brauchten.

61 Lösen Sie bitte jetzt den Aufgabenkomplex 3!

AUFGABENKOMPLEX 3

1. An einer Haltestelle verkehren 2 Busse A und B. Die Wahrscheinlichkeit, daß ein ankommender Bus ohne Hänger und von der Linie A ist, beträgt 0,3. Wir sagen P(A · 0) = 0,3. Die Wahrscheinlichkeit, daß ein beliebiger Bus ohne Hänger ist, beträgt P(0) = 0,5. Wie groß ist die Wahrscheinlichkeit, daß der Bus A kommt, wenn man nur weiß, daß der ankommende Bus ohne Hänger ist?
   P = ...

2. An einer Haltestelle verkehren die Busse A, B, C und D. Die Wahrscheinlichkeit der Ankunft
   von A ist 0,4,
   von B ist 0,1,
   von C ist 0,2
   und von D ist 0,3.
   Ohne Hänger verkehren
   auf der Linie A 80 Prozent,
   auf der Linie B 40 Prozent,
   auf der Linie C 90 Prozent
   und auf der Linie D 20 Prozent.

   Wie groß ist die Wahrscheinlichkeit, daß ein beliebiger Bus ohne Hänger ist?
   P = ...

3. Berechnen Sie mit den Wahrscheinlichkeiten von Aufgabe 2, daß ein ohne Hänger ankommender Bus
   a) ein Bus der Linie A und
   b) ein Bus der Linie D ist.

   a) P = ...
   b) P = ...

Der jetzt folgende Abschnitt soll uns mit Verteilungsfunktionen bekannt machen. Verteilungsfunktionen sind eine Grundlage der modernen Wahrscheinlichkeitsrechnung.

● Schlagen Sie dazu Ziffer 68 auf!

Folgendes Beispiel soll den Satz von Bayes illustrieren:

2 Geschütze (Geschütz 1 und 2) schießen auf dasselbe Ziel. In der gleichen Zeit schießt Geschütz 1 9 Schuß und Geschütz 2 10 Schuß.

Es treffen

Geschütz 1 bei 10 Schuß durchschnittlich 8mal das Ziel und
Geschütz 2 bei 10 Schuß durchschnittlich 7mal das Ziel.

1 Treffer wird erzielt. Es ist nicht feststellbar, von welchem Geschütz der Treffer stammt.

Gesucht ist nun die Wahrscheinlichkeit, daß das Geschoß von Geschütz 2 stammt!

Wir bezeichnen, daß ein Geschoß trifft, als Ereignis B, als A_i (i=1,2), daß ein Geschoß vom Geschütz i stammt.

Gesucht ist $P(A_2/B)$, also die Wahrscheinlichkeit, daß ein Geschoß von Geschütz 2 stammt, unter der Voraussetzung, daß das Geschoß getroffen hat.

Wir wenden die Bayesche Formel an. Es ist

$$P(A_2/B) = \frac{P(B/A_2) \cdot P(A_2)}{P(B/A_1) \cdot P(A_1) + P(B/A_2) \cdot P(A_2)}$$

Im Beispiel sind:

$P(A_1) = \dfrac{9}{19}$ $\qquad\qquad$ $P(B/A_1) = \dfrac{8}{10}$

$P(A_2) = \dfrac{10}{19}$ $\qquad\qquad$ $P(B/A_2) = \dfrac{7}{10}$

Eingesetzt ergibt sich

$$P(A_2/B) = \frac{\dfrac{7}{10} \cdot \dfrac{10}{19}}{\dfrac{8}{10} \cdot \dfrac{9}{19} + \dfrac{7}{10} \cdot \dfrac{10}{19}} = 0,493$$

Die Wahrscheinlichkeit, daß das Geschoß von Geschütz 2 stammt, ist also etwas kleiner als $\dfrac{1}{2}$.

Berechnen Sie nun $P(A_1/B)$!

Es ist $P(A_1/B) = \dfrac{\overline{}\cdot\overline{}}{\dfrac{8}{10}\cdot\dfrac{9}{19}+\dfrac{7}{10}\cdot\dfrac{10}{19}} = \dfrac{}{} = $.

Diese Wahrscheinlichkeit ist die Komplementärwahrscheinlichkeit von $P(A_2/B)$. Auch auf diese Weise können wir $P(A_1/B)$ erhalten:

$P(A_1/B) = \underset{\cdots}{} - \underset{\cdots}{} = \underset{\cdots}{}$

● Lösen Sie nun bitte die Aufgabe in Ziffer 61!

---

68 Zuerst wollen wir den Begriff "zufällige Größe" kennenlernen. Es ist, wie wir sehen werden, zweckmäßig, die verschiedenen zufälligen Ereignisse auf die Menge der reellen Zahlen abzubilden.

Allen zufälligen Ereignissen werden reelle Zahlen zugeordnet, die dann zufällige Größen, auch Zufallsgrößen oder Zufallsvariable, genannt werden.

Zum Beispiel kann man beim Münzwurf dem zufälligen Ereignis A_1 "Zahl ist zu sehen" die Größe 0 und dem zufälligen Ereignis A_2 "Wappen ist zu sehen" die Größe 1 zuordnen. Die Zahlen 0 und 1 sind also für das Experiment "Münzwurf" eindeutig zugeordnete zufällige Größen, und wir schreiben dann

$P(A_1) = P(X = 0) = \dfrac{1}{2}$ beziehungsweise

$P(A_2) = P(X = 1) = \dfrac{1}{2}$.

Das Ereignis A_1 ist also gleichbedeutend damit, daß die zufällige Größe X den Wert 0 annimmt. Am einfachsten ist der Übergang von Ereignissen zu zufälligen Größen, wenn die Versuche selbst quantitative Ergebnisse liefern, wie dies zum Beispiel beim Würfeln der Fall ist.

Die Zufallsgröße wird in der Regel so gewählt, daß sie den quantitativen Versuchsergebnissen entspricht.

Für den Würfel sind das die Augenzahlen des Würfels,

    das heißt $P(A_1) = P$ (Zahl 1 ist zu sehen) $= P(X = 1)$

              $P(A_2) = P$ (Zahl 2 ist zu sehen) $= P(X = 2)$

               .   .   .
               .   .   .
               .   .   .

              $P(A_6) = P$ (Zahl 6 ist zu sehen) $= P(X = 6)$

> Welche Zuordnung ist möglich, wenn der Würfel keine Zahlen zeigt, sondern nur die 6 Flächen (zum Beispiel in verschiedenen Farben)?

- Zufällige Größen können nicht zugeordnet werden.
  Lesen Sie bitte bei Ziffer 69 weiter!

- Die Zuordnung muß wie folgt gewählt werden:
  Ereignis "Schwarz" entspricht $X = 1$
  Ereignis "Grün"   entspricht $X = 2$
    .
    .
    .
  Ereignis "Blau"   entspricht $X = 6$
  Lesen Sie bitte in Ziffer 70 weiter!

- Jede beliebige Zahl kann den Farben zugeordnet werden, zum Beispiel:
  Ereignis "Schwarz" $= (X = 5,83)$
  Ereignis "Grün" $= (X = 1)$
    .
    .
    .
  Ereignis "Blau" $= (X = 12)$
  Lesen Sie bitte in Ziffer 71 weiter!

1 Zufällige Größen werden im allgemeinen mit großen lateinischen Buchstaben X, Y ... Z bezeichnet.

69 Zufällige Größen können Ihrer Meinung nach dem Farbwürfel nicht zugeordnet werden?

Wir hatten aber gesagt (vergleichen Sie dazu Ziffer 68), daß zufälligen Ereignissen reelle Zahlen zugeordnet werden, die dann das Ereignis genauso definieren wie die verbalen Beschreibungen.

Überlegen Sie deshalb, ob es sich hier um zufällige Ereignisse handelt, und ziehen Sie dann die entsprechenden Schlußfolgerungen.

● Lesen Sie die Ziffer 68 noch einmal durch und wählen Sie eine andere Antwort!

---

70 Die Zuordnung, die Sie gewählt haben, ist zweckmäßig!

Sie ist aber nicht die einzig mögliche Zuordnung. Sie wissen, daß (vergleichen Sie Ziffer 68 oben) einem zufälligen Ereignis eine reelle Zahl zugeordnet wird, die in der Regel (vergleichen Sie Ziffer 68 unten) den quantitativen Versuchsergebnissen entsprechen soll. Es ist beim Würfel z w e c k m ä ß i g , den Farbenwürfel auf den gebräuchlichen Zahlenwürfel zurückzuführen, aber es ist n i c h t   n o t w e n d i g ; jede andere Zahlenzuordnung zu den Farben ist möglich.

● Versuchen Sie nun, die in Ziffer 71 stehenden Fragen zu beantworten!

71

Sie haben richtig überlegt!

Jede Zahlenzuordnung ist in unserem Beispiel möglich. Zweckmäßig ist allerdings, die zweite Zuordnung zu wählen, wobei es gleichgültig ist, ob "Schwarz" $X = 1$ oder "Blau" $X = 2$ ist usw.

Es ist immer die zweckmäßigste Zuordnung zu wählen.

Nun eine andere Frage:

> Ist es in unserem Beispiel zweckmäßig ... (ja/nein)
>
>   falsch   ...
>
>   möglich   ...
>
> für zwei verschiedene Farben die gleiche Zufallsgröße zu wählen?
>
> Zum Beispiel:
>
> Ereignis "Schwarz" = 1
> Ereignis "Grün"   = 1
>   .   .   = .
>   .   .   = .
> Ereignis "Blau"   = 6

● Die Erklärung finden Sie in Ziffer 72!

72

Das war wirklich nicht schwer zu beantworten. Zweckmäßig, so hatten wir festgestellt, ist eine Zuordnung wie beim Zahlenwürfel; falsch kann die Zuordnung nicht sein, da ja in der Definition keine derartigen Einschränkungen vorhanden sind, also ist die Zuordnung möglich.

Wenn wir so zuordnen würden, identifizieren unsere zufälligen Größen zwei Ereignisse miteinander; sie wären nicht unterscheidbar, und wir hätten nur fünf verschiedene Ereignisse.

Jetzt soll der Unterschied zwischen diskreten und stetigen Zufallsgrößen besprochen werden.

Wir definieren:

Eine Zufallsgröße X heißt diskret, wenn sie endlich viele verschiedene Werte $x_1, x_2, \ldots, x_n$ annehmen kann.

Eine Zufallsgröße X heißt stetig, wenn sie jeden beliebigen Wert innerhalb eines Intervalls der Zahlengeraden (der reellen Zahlen) annehmen kann.

Die Zufallsgröße X kann beim Würfelversuch sechs Werte annehmen: $x_1 = 1$, $x_2 = 2$, ..., $x_6 = 6$. X ist hier diskret.

Betrachten wir die Länge von Baumwollfasern (vergleichen Sie Ziffer 48), so können sie innerhalb bestimmter Intervalle jede beliebige Länge annehmen. X ist also in diesem Beispiel stetig. (Allerdings lassen die Meßmittel in der Regel nicht die genaue Bestimmung der Länge zu; sie ist auch praktisch uninteressant.)

Und nun eine Aufgabe:

> Sie würfeln mit zwei Würfeln. Als die möglichen zufälligen Ereignisse wollen wir die Summe der Augen beider Würfel ansehen. Sind die dabei den Ereignissen zuzuordnenden zufälligen Größen stetig oder diskret?

- Stetig. Lesen Sie Ziffer 73!
- Diskret. Schlagen Sie Ziffer 74 auf!

Eine stetige Zufallsgröße kann jeden beliebigen Wert innerhalb eines Intervalls annehmen. Wenn Sie mit zwei Würfeln würfeln, erhalten Sie aber nur eine endliche Anzahl verschiedener Ereignisse.

73

> Lesen Sie bitte in Ziffer 1 noch einmal die Definition des zufälligen Ereignisses!
>
> Was ist in unserem Beispiel das zufällige Ereignis? . . . . .
>
> Wieviel verschiedene zufällige Ereignisse gibt es im Beispiel? . . . . . .

Überlegen wir uns einige Beispiele:

Die Körpergröße des Menschen, als zufällige Größe betrachtet, ist stetig.

Die Übereinstimmung eines Datums mit dem Geburtstag einer Person oder einer Anzahl von Personen ist eine diskrete Zufallsgröße.

> Der Wasserverbrauch in einer Stadt an einem Tage ist eine . . . . . Zufallsgröße.
>
> Die Zahl der Verkehrsunfälle an einem Tag ist eine . . . . . Zufallsgröße.
>
> Die Geschwindigkeit von Fahrzeugen auf der Straße ist eine . . . . . Zufallsgröße.
>
> Die Anzahl der Fahrzeuge in einer Stadt, die im Kennzeichen als letzte Ziffer die Zahl k (k = 0, 1, . . . , 9) führen, ist eine . . . . . Zufallsgröße.

● Lesen Sie nun bei Ziffer 74 weiter!

74 Beim Würfeln mit zwei Würfeln sind endlich viele Ergebnisse möglich, und zwar genau ... (das Ergebnis steht am Anfang von Ziffer 11 links). Deshalb ist X diskret.

> Sind Sie noch unsicher, lesen Sie bitte die Beispiele in Ziffer 73 durch!

Erläutern wir jetzt den Begriff "Verteilungsfunktion einer Zufallsgröße":

Die Verteilungsfunktion F(x) einer Zufallsgröße X ist definiert durch
$$F(x) = P(X < x),$$
wobei x von $-\infty$ bis $+\infty$ alle Werte annehmen kann.

Auf diese Weise ist der Zusammenhang zwischen Zufallsgröße X und zugehöriger Wahrscheinlichkeit wieder hergestellt.

Ein Beispiel soll die Verteilungsfunktion verdeutlichen:
Beim Wurf mit einem Würfel ordnen wir der Zufallsgröße X die erscheinenden Augenzahlen zu (1, 2, ..., 6). Wenn unser $x \leq 0$ ist, gibt es keine Zufallsgröße, die eine Wahrscheinlichkeit > 0 besitzt. Also ist $F(x) = P(X < 0) = 0$

Auch für $x \leq 1$ gilt $\quad F(x) = P(X < 1) = 0$

Für $1 < x \leq 2$ gilt aber $\quad F(x) = P(X < 2) = \frac{1}{6}$,

da die zufällige Größe X = 1 mit einer Wahrscheinlichkeit von $P = \frac{1}{6}$ eintreten kann.

Für das Intervall $2 < x \leq 3$ gilt $F(x) = P(X < 3) = \frac{2}{6} = \frac{1}{3}$,

da die Wahrscheinlichkeiten für $P(X = 1) = \frac{1}{6}$ und $P(X = 2) = \frac{1}{6}$ addiert werden müssen.

So verfahren wir weiter bis zum Intervall $5 < x \leq 6$, wofür gilt
$$F(x) = P(X < x) = \frac{5}{6}.$$
Für $x > 6$ gilt dann immer $\quad F(x) = P(X > x) = \frac{6}{6} = 1.$

Stellen wir das graphisch dar, ergibt sich:

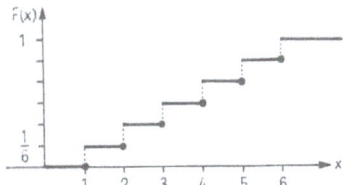

Abb. 1
Verteilungsfunktion F(x)
für die diskrete
Zufallsgröße X beim
Wurf mit einem Würfel

> Stellen Sie, bevor Sie weiterlesen, die Verteilungsfunktion F(x) für den gleichzeitigen Wurf mit zwei Würfeln auf! Benutzen Sie möglichst Millimeterpapier.

● Lesen Sie dann in Ziffer 75 weiter!

Versuchen wir nun mit Hilfe der 2 Zeichnungen, die Eigenschaften der Verteilungsfunktion F(x) abzuleiten.

1. F(x) ist eine ansteigende Funktion, das heißt, für $x_1 < x_2$ gilt immer $F(x_1) \leq F(x_2)$.

Dies ist aus der Definition ersichtlich, da für $x_1 < x_2$ die Wahrscheinlichkeit $P(X < x_2)$ nie kleiner sein kann als für $P(X < x_1)$.

2. $F(x) \geq 0$,
da Wahrscheinlichkeiten nie negativ sind. Weiter gilt:

3. $F(x) \leq 1$,
da die Summe aller Wahrscheinlichkeiten, die den zufälligen Größen zugeordnet sind, nie größer als 1 sein kann.

4. $F(-\infty) = \ldots$

5. $F(+\infty) = \ldots$

a) Leiten Sie die letzten beiden Aussagen aus den zwei Beispielen ab. Vergleichen Sie vorher Ihre Zeichnung mit der Zeichnung in Ziffer 76!

b) Versuchen Sie die beiden Aussagen allgemein zu beweisen!

● Lesen Sie dann bitte bei Ziffer 77 weiter!

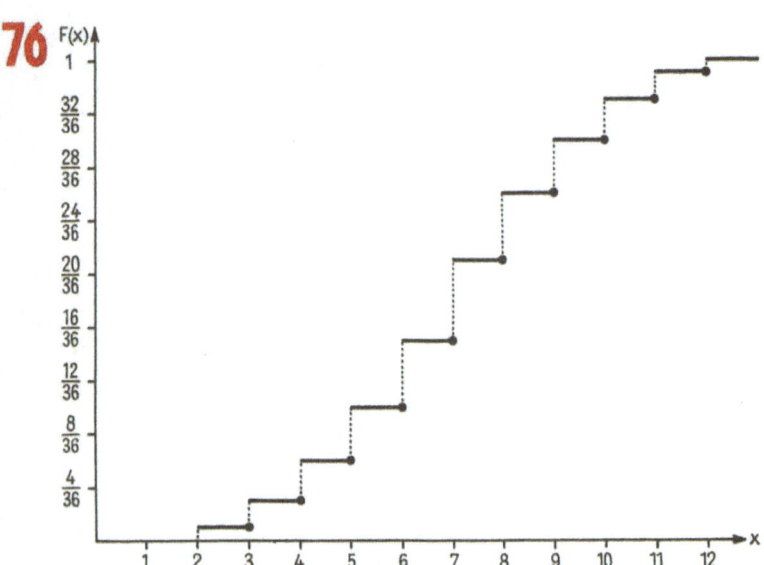

Abb. 2 F(x) für den Wurf mit 2 Würfel

Da in $F(x) = P(X < x)$ für $x \to -\infty$ kein $X < x$ sein kann, muß $F(-\infty) =$ ... sein.

Da kein X mit $X > x$ für $x \to +\infty$ existiert, müssen alle Zufallsgrößen schon aufgetreten sein, also gilt $F(+\infty) = \ldots$.

Zumindest aus den beiden Zeichnungen werden Sie das erkannt haben. Wie bei den Zufallsgrößen unterscheiden wir auch bei den Verteilungsfunktionen diskrete und stetige Verteilungsfunktionen.

Wenn X eine diskrete Zufallsgröße ist, dann ist die zugehörige Verteilungsfunktion ebenfalls diskret.

Ebenso gilt:

Wenn X eine stetige Zufallsgröße ist, dann ist die zugehörige .... ebenfalls ....

Oder ausführlich:

Wenn X die Werte $x_1, x_2, \ldots, x_n$ mit den zugehörigen Wahrscheinlichkeiten $P(X = x_i) = p_i$ ($i = 1, 2, \ldots, n$) annimmt (X ist eine .... (stetige/diskrete) Zufallsgröße), kann $F(x)$ in folgender Form geschrieben werden:

$$F(x) = \sum_{x_i < x} P(X = x_i) = \sum_{x_i < x} p_i \quad ^1$$

> Schreiben Sie $F(x)$ für unsere Versuche mit einem und zwei Würfeln für $x = 6$ auf: 1 Würfel wird geworfen
>
> $$F(6) = \sum_{i=..}^{....} P(X = x_i) = \sum_{..=..}^{...} p_i = \ldots + \ldots + \ldots + \ldots = \ldots$$
>
> 2 Würfel werden geworfen
>
> $$F(6) = \sum_{i=..}^{....} P(X = \ldots) = \sum_{..=..}^{...} p_i = \ldots\ldots = \ldots$$

● Lesen Sie bei Ziffer 78 weiter!

1 $\sum_{x_i < x}$ bedeutet Summe über alle x_i, die kleiner als x sind.

78 Das Endergebnis der beiden Aufgaben ist übrigens auch aus den Abbildungen zu erkennen; zu beachten ist, daß auch in den Abbildungen 1 und 2 für ganzzahlige x_i die Verteilungsfunktion F(x) den Wert für $X = x_i$ noch nicht enthält, weil die Definition besagt:

F(x) = P(X < x).

Nun wollen wir ein Beispiel für eine stetige Verteilungsfunktion betrachten. Wir nehmen, wie in Ziffer 72, bei der Bestimmung der stetigen Zufallsgröße die Länge der Baumwollfasern als Untersuchungsobjekt.

F(x) ist bei der stetigen Zufallsgröße X die Wahrscheinlichkeit dafür, daß X kleiner als ein beliebiges x ($-\infty < x < +\infty$) ist. Also

F(x) = P(X < x)

Bei einer stetigen Zufallsgröße kann dieser Zusammenhang noch durch eine Integralbeziehung dargestellt werden:

$$F(x) = P(X < x) = \int_{-\infty}^{x} f(t)dt.$$

f(t) heißt Wahrscheinlichkeitsdichte oder Dichtefunktion.

Für unsere Baumwollfasern (erinnern Sie sich: 75 Prozent waren kürzer als 45 mm) ergäbe sich etwa eine Verteilungsfunktion F(x) wie in folgender Abbildung.

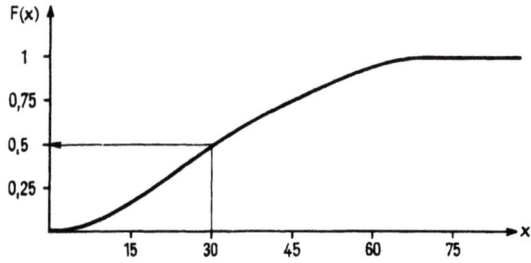

Abb. 3 F(x) für Baumwollfasern

Im Beispiel ist für x < 0 F(x) = 0 (keine Baumwollfaser kann eine negative Länge haben). Wir nehmen an, daß keine Faser länger als 70 mm sein kann; also ist für x > 70 F(x) = 1. Nach unserer Zeichnung wäre also (siehe Pfeil) die Wahrscheinlichkeit, daß eine willkürlich herausgegriffene Baumwollfaser < 30 mm ist (gefragt ist also nach F(30) gleich 0,50.

> Wir suchen F(x) für die stetige Zufallsgröße X, daß ein guter Leichtathlet unter normalen Wettkampfbedingungen die Kugel mit der Weite x stößt. Schätzen Sie und zeichnen Sie F(x)!
> (Hilfestellung: Der Weltrekord liegt einige Dezimeter über 20 Meter; bei einem Regionalkampf werden Weiten zwischen 16 und 18 Metern gestoßen).

● Lesen Sie in Ziffer 79 weiter, wenn Sie die Zeichnung angefertigt haben!

79

Aus der Betrachtung der Beispiele und der Definition können wir jetzt folgende Eigenschaften ableiten, die den Eigenschaften der diskreten Verteilungsfunktion analog sind:

1. F(x) ist eine ansteigende Funktion, das heißt, für $x_1 < x_2$ gilt auch $F(x_1) \ldots F(x_2)$.

2. $F(x) \geq 0$

3. $F(x) \leq 1$

4. $F(-\infty) = \ldots$

5. $F(+\infty) = \ldots$

6. $f(x) = \dfrac{dF(x)}{dx}$, wenn F(x) stetig differenzierbar ist.

7. Für $x_1 < x_2$ gilt: $F(x_2) - F(x_1) = P(X < x_2) - P(X < x_1)$
$$= P(x_1 \leq X < x_2)$$

Lesen Sie an Ihrer Zeichnung von F(x) des Kugelstoßes ab, was die 7. Beziehung bedeutet!

Stellen Sie anhand Ihrer Zeichnung fest, wie groß die Wahrscheinlichkeit ist, daß die Kugel zwischen 14 und 15 m aufkommt!

- Ist diese Wahrscheinlichkeit
- > 1? Lesen Sie bei Ziffer 80 weiter!
- $= 1$? Lesen Sie bei Ziffer 81 weiter!
- < 1 aber $> 0,7$? Lesen Sie bei Ziffer 82 weiter!
- $< 0,7$ aber $> 0,1$? Lesen Sie bei Ziffer 83 weiter!
- $< 0,1$? Lesen Sie bei Ziffer 84 weiter!

---

80 Sie sind der Meinung, daß eine Wahrscheinlichkeit > 1 sein kann? Das ist doch nicht Ihr Ernst!

- Lesen Sie die Definition der Wahrscheinlichkeit in den Ziffern 11, 15 und 25 noch einmal durch, und überlegen Sie sich dann eine andere Antwort; wählen Sie erneut in Ziffer 79!

---

81 Die Wahrscheinlichkeit des sicheren Ereignisses ist 1 (vergleichen Sie Ziffer 11). Demnach wirft ein Kugelstoßer mit Sicherheit zwischen 14 und 15 m weit. Die Wahrscheinlichkeit ist ein Maß der Möglichkeit. Es ist aber doch möglich, weiter oder kürzer zu werfen. Also wird die gesuchte Wahrscheinlichkeit nicht 1 sein können.

- Wählen Sie in Ziffer 79 eine andere Lösung!

Mit einer Wahrscheinlichkeit von über 0,7 fällt die Kugel in das vorgezeichnete Intervall von 14 bis 15 m? Da stimmt entweder Ihre Zeichnung nicht, oder Sie haben falsch gerechnet. In Ziffer 85 ist F(x) für das Beispiel aufgezeichnet.

Vergleichen Sie Ihre Zeichnung! Lesen Sie ab:

$F(+\infty)$ = ...

$F(0)$ = ...

$F(10)$ = ...

$P(10 < X < 20)$ = ...

die Wahrscheinlichkeit, daß die Kugel
nicht weiter als 10 m gestoßen wird   ≤ .....
zwischen 10 und 15 m gestoßen wird   ≈ .....
über 15 m gestoßen wird   ≈ .....
$\sum$ = 1

die Wahrscheinlichkeit, daß die Kugel zwischen 14 und 15 m gestoßen wird = ...

● Nehmen Sie das letzte Ergebnis und wählen Sie bei Ziffer 79 die richtige Antwort!

83 Sie haben wahrscheinlich richtig geschätzt.

> Vergleichen Sie Ihre Lösung mit der Zeichnung in Ziffer 85 (Abbildung 4)! Es ist F(15) - F(14) = P(14 ≤ X < 15) = ...
>
> Sind Sie noch nicht sicher, dann lösen Sie bitte noch die Aufgaben in Ziffer 82!

Wir wollen uns jetzt mit der Dichtefunktion f(x) beschäftigen.

Es war

$$f(x) = \frac{d\,F(x)}{dx}.$$

Für unser Kugelstoßbeispiel ist f(x) in Ziffer 85 in Abbildung 5 gezeichnet. Aus der Integralrechnung wissen wir, daß bei f(x) die Fläche unter der Kurve dem Integral dieser Kurve entspricht, also exakt:

Es ist die Fläche zwischen x_1, x_2, $f(x_2)$, $f(x_1)$ gleich dem Ausdruck $\int_{x_1}^{x_2} f(x)dx$; es ist aber ebenfalls (wenn f(x) stetig ist)

$$\int_{x_1}^{x_2} f(x)dx = \int_{x_1}^{-\infty} f(x)dx + \int_{-\infty}^{x_2} f(x)dx = -F(x_1) + F(x_2)$$
$$= P(x_1 \leq X < x_2).$$

> Schraffieren Sie in der Abbildung 5 in Ziffer 85 die Wahrscheinlichkeit, daß die Kugel zwischen 10 und 15 m gestoßen wird!
>
> Schätzen Sie den Anteil der von Ihnen schraffierten Fläche an der Gesamtfläche unter der Dichtefunktion ab!
>
> Berechnen Sie die Wahrscheinlichkeit, daß die Kugel zwischen 10 und 15 m gestoßen wird mit F(x)!
>
> Vergleichen Sie die beiden Ergebnisse! Sie müssen ..... (gleich / nicht gleich) sein.

● Lesen Sie dann bei Ziffer 86 weiter!

84

Ihre Antwort wird wahrscheinlich falsch sein.

Entweder Sie haben falsch gerechnet oder Ihre Zeichnung ist falsch.

▍ Vergleichen Sie Ihre Zeichnung mit der Zeichnung in Ziffer 85, die die Verteilungsfunktion für unseren Kugelstoß zeigt. Versuchen Sie den Fehler zu finden, der zu Ihrem falschen Ergebnis geführt hat!

● Blättern Sie bitte nach Ziffer 82 zurück und lösen Sie die Aufgaben.

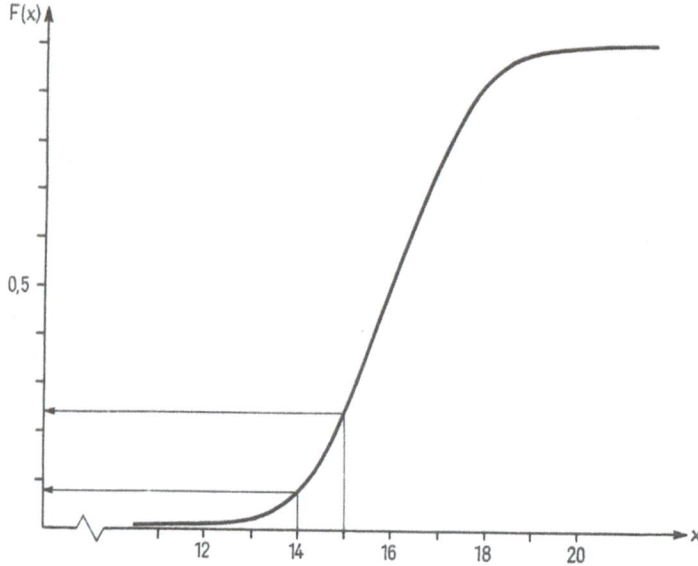

Abb. 4 F(x) für Kugelstoß

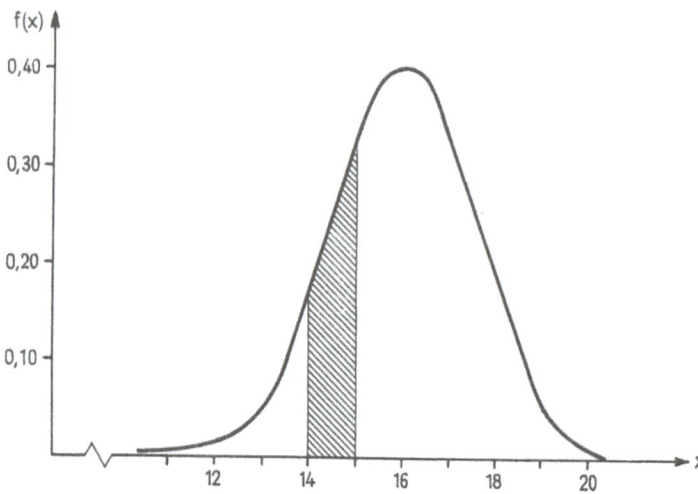

Abb. 5 f(x) für Kugelstoß

Bei den praktischen Problemen ist es oft schwer, wenn nicht gar unmöglich, für die Verteilung der Zufallsgröße X die Verteilungsfunktion zu bestimmen. So haben wir in unseren Beispielen zwar eine Verteilung gezeichnet, ob sie aber richtig ist, wissen wir nicht. Wir wissen aber auch nicht, wie die Verteilungsfunktion F(x) formelmäßig aussieht.

Um Hinweise über die Verteilungsfunktion zu erhalten, werden deshalb für die Verteilungsfunktion charakteristische Größen bestimmt. Wir wollen uns hier auf den Erwartungswert (auch Mittelwert genannt) $\bar{X}$ und das Streuungsmaß Standardabweichung σ beschränken. [1]

Den Erwartungswert $\bar{X}$ einer d i s k r e t e n Zufallsgröße X, die die Werte $x_1, x_2, \ldots, x_n$ mit den zugehörigen Wahrscheinlichkeiten $P(X = x_i) = p_i$ annimmt, erhält man als

$$\bar{X} = \sum_{i=1}^{n} x_i p_i.$$

Beim Wurf eines Würfels ist $p_i = \frac{1}{6}$, $x_i = i$ mit $i = 1, 2, \ldots, 6$.

Also ist

$$\bar{X} = \sum_{i=1}^{6} \frac{1}{6} i = \frac{1}{6} (1 + 2 + 3 + 4 + 5 + 6) = 3,5.$$

■ Berechnen Sie $\bar{X}$ für das Werfen mit zwei Würfeln! Es ist zur Verteilungsfunktion in Ziffer 76 der Wert $\bar{X} = \ldots$.

● Lesen Sie bitte bei Ziffer 87 weiter!

---

[1] In der Literatur werden für das Streuungsmaß statt des Begriffes Standardabweichung (σ) auch Varianz, Dispersion, mittlere quadratische Abweichung und Streuung verwendet. Diese Synonyme bedeuten teilweise σ, teilweise σ^2.

87 Die zweite zur Einschätzung einer Verteilungsfunktion notwendige charakteristische Größe ist das Streuungsmaß σ.

Das Streuungsmaß gibt an, wie weit die Einzelwerte um den Mittelwert $\bar{X}$ verstreut sind.

Oder:

Das Streuungsmaß gibt die Abweichung der Zufallsgröße X vom Mittelwert $\bar{X}$ an.

Für eine diskrete Zufallsgröße X wird das Streuungsmaß wie folgt definiert:

Das Streuungsmaß σ einer d i s k r e t e n Zufallsgröße X ergibt sich als

$$\sigma = \sqrt{\sum_{i=1}^{n} (x_i - \bar{X})^2 p_i}$$

Für den Wurf mit einem Würfel ergibt sich dann σ wie folgt:

$$\sigma = \sqrt{\sum_{i=1}^{6} (i-3,5)^2 \frac{1}{6}} = \sqrt{\left[(1-3,5)^2 + (2-3,5)^2 + \ldots + (6-3,5)^2\right] \frac{1}{6}} = 1,71$$

■ Berechnen Sie die Streuung für unser Beispiel mit 2 Würfeln!

● Ist $\sigma > 5$? Lesen Sie bitte Ziffer 88!
● $\sigma < 5$? Lesen Sie bitte Ziffer 89!

---

88 σ ist im Beispiel kleiner als 5. Betrachten Sie die Zeichnung von F(x) in Abbildung 2! $\bar{X} \pm 5$ würde doch das ganze Intervall der Zufallsgröße X von 2 bis 12 umfassen. σ ist immer kleiner als diese Spannweite vom kleinsten bis zum größten durch X realisierten Wert x_i.

● Lesen Sie jetzt Ziffer 89!

Es ist im Beispiel $\sigma < 5$.

Wäre $\sigma > 5$, würde $\bar{X} - \sigma = 2$ und $\bar{X} + \sigma = 12$ sein, das heißt, das Intervall $\bar{X} \pm \sigma$ würde alle Werte, die X annehmen kann, also von x_{max} bis x_{min} umfassen. (Die Differenz $x_{max} - x_{min}$ wird als Spannweite[1] bezeichnet.) Als grobe Näherung kann man für σ etwa $\frac{1}{3}$ der Spannweite annehmen.

Anwendbar ist diese Abschätzung meist für diskrete symmetrische[2] Verteilungen.

■ Prüfen Sie die erhaltenen Streuungen für unsere zwei Würfelbeispiele nach dieser Faustformel!

So groß wie die halbe Spannweite einer Verteilung wird σ nicht sein. Sie hätten die gestellte Frage bei Kenntnis des geschilderten Zusammenhangs also auch ohne Berechnung lösen können. Die Rechnung ist etwas aufwendig, doch Sie haben bestimmt die richtige Lösung schon gefunden.

- Ist nun $\sigma \approx 11,0$? Dann lesen Sie bitte in Ziffer 90 weiter!
- $\sigma \approx 3,3$? Dann lesen Sie bitte in Ziffer 91 weiter!
- $\sigma \approx 2,4$? Dann lesen Sie bitte in Ziffer 92 weiter!

---

1 Dieser Begriff ist der mathematischen Statistik entnommen. Die Spannweite wird oft mit R bezeichnet (nach dem englischen Wort "Range")
2 Eine Verteilung heißt symmetrisch, wenn für die Werte $\bar{X} - z$ dieselbe Wahrscheinlichkeit gilt wie für die Werte $\bar{X} + z$ (z ist eine beliebige stetige oder diskrete Zufallsgröße).

90 Sie haben bis fast zum Schluß richtig gerechnet.

> Überprüfen Sie noch einmal die letzten Rechengänge und sehen Sie sich die Formel noch einmal genau an!
>
> Außerdem müssen Sie die Ausführungen über die Spannweite noch einmal aufmerksam durchlesen!

● Dann finden Sie bestimmt die richtige Antwort bei Ziffer 89.

---

91 Die Lösung ist nicht richtig.

Versuchen wir ein anderes Beispiel zu lösen. Sie werfen ein Geldstück. Die beiden möglichen Ergebnisse "Wappen" und "Zahl" werten wir mit
$X = 0$, wenn das "Wappen" und
$X = 1$, wenn die "Zahl" zu sehen ist.

Beim zweimaligen Münzwurf haben wir dann folgende Realisierungen:

$x_1 = 0 \qquad p_1 = \frac{1}{4}$

$x_2 = 1 \qquad p_2 = \frac{1}{2}$

$x_3 = 2 \qquad p_3 = \frac{1}{4}$.

Zuerst rechnen wir $\overline{X}$ für den zweimaligen Wurf aus.

Es war

$$\bar{X} = \sum_{i=1}^{3} x_i p_i = 0 \cdot \frac{1}{4} + 1 \cdot \frac{1}{2} + 2 \cdot \frac{1}{4} = 1.$$

Dann ist

$$\sigma = \sqrt{\sum_{i=1}^{3} (x_i - \bar{X})^2 p_i} = \sqrt{\frac{1}{4} \cdot (0-1)^2 + \frac{1}{2}(1-1)^2 + \frac{1}{4}(2-1)^2}$$

$$= \sqrt{\frac{1}{4} + 0 + \frac{1}{4}} = \sqrt{\frac{2}{4}} = \frac{\sqrt{2}}{2} \approx 0,71$$

Für unser Beispiel mit den zwei Würfeln ergibt sich:

$x_1 = 2 \qquad p_1 = \frac{1}{36}$

$x_2 = 3 \qquad p_2 = \frac{2}{36}$

$x_3 = 4 \qquad p_3 = \frac{3}{36}$

．
．
．

$x_9 = 10 \qquad p_9 = \frac{3}{36}$

$x_{10} = 11 \qquad p_{10} = \frac{2}{36}$

$x_{11} = 12 \qquad p_{11} = \frac{1}{36}$

85 ● Versuchen Sie nun, bei Ziffer 89 eine andere Lösung zu finden!

92 Die von Ihnen ausgesuchte Lösung ist richtig.

Haben Sie die Rechnung nicht vollständig verstanden, so lesen Sie bitte noch das Beispiel in Ziffer 91 durch.

Die Berechnung war etwas umständlich. Deshalb sollen Sie jetzt eine Vereinfachung kennenlernen, die die Differenzbildung entbehrlich macht.

Dazu führen wir folgende Umformung der Berechnungsformel für σ durch:

$$\sigma^2 = \sum_{i=1}^{n} (x_i - \bar{X})^2 p_i = \sum_{i=1}^{n} (x_i^2 - 2x_i \bar{X} + \bar{X}^2) p_i$$

$$= \sum_{i=1}^{n} x_i^2 p_i - 2\bar{X} \sum_{i=1}^{n} x_i p_i + \bar{X}^2 \sum_{i=1}^{n} p_i$$

Es war aber $\sum_{i=1}^{n} x_i p_i = \bar{X}$. (Vergleichen Sie die Definition des Erwartungswertes in Ziffer 86.)

Selbstverständlich ist $\sum_{i=1}^{n} p_i = 1$.

Damit erhalten wir:

$$\sigma = \sqrt{\sum_{i=1}^{n} x_i^2 p_i - \bar{X}^2}$$

Für den Wurf mit einem Würfel ergibt sich:

$$\sigma = \sqrt{\frac{1}{6}(1^2 + 2^2 + 3^2 + 4^2 + 5^2 + 6^2) - 3{,}5^2} = 1{,}71.$$

Das ist etwas einfacher als die vorherige Rechnung.

| Versuchen Sie, σ für den Wurf mit zwei Würfeln zu bestimmen! Es ist $\sigma = \ldots\ldots$. Sie müssen dasselbe Ergebnis wie bei der Testaufgabe in Ziffer 87 erhalten.

● Lesen Sie dann bitte bei Ziffer 93 weiter!

Sie werden es schon gemerkt haben; langsam reichen unsere Kenntnisse **93**
der Schulmathematik nicht mehr aus. Deshalb wollen wir es Ihnen freistellen, die Ziffer 93 nur flüchtig zu lesen, da die Ausführungen nicht unbedingt für das Verständnis der nachfolgenden Ziffern notwendig sind. In den nächsten Ziffern werden Ihnen Beispiele für Verteilungsfunktionen und ihre Anwendungen gegeben.

In dieser Ziffer wollen wir Mittelwert und Streuung für stetige Zufallsgrößen definieren. Es sollen nur die Definitionen gegeben werden.

Der Mittelwert einer stetigen Zufallsgröße X wird wie folgt bestimmt:

$$\bar{X} = \int_{-\infty}^{+\infty} x \cdot f(x) \, dx.$$

Das Streuungsmaß einer stetigen Zufallsgröße X ergibt sich aus

$$\sigma^2 = \int_{-\infty}^{+\infty} (x - \bar{X})^2 f(x) \, dx.$$

Auch bei einer stetigen Zufallsgröße X gilt die Umformung von Ziffer 92. Es ist ebenfalls

$$\sigma^2 = \int_{-\infty}^{+\infty} x^2 f(x) dx - \bar{X}^2.$$

■ Lösen Sie jetzt bitte den Aufgabenkomplex 4!

AUFGABENKOMPLEX 4

1. Sie haben einen Würfel, auf dem statt der Zahlen 1 bis 6 die Zahlen 0 bis 5 aufgetragen sind.
    a) Berechnen Sie $\bar{X}$! $\bar{X}$ = ...
    b) Berechnen Sie σ! σ = ...
    c) Zeichnen Sie hierzu die zugehörige Verteilungsfunktion!
    d) Berechnen Sie die Wahrscheinlichkeit, daß beim Wurf mit 2 derartigen Würfeln die zufällige Größe X kleiner als 2 ist!

2. Bestimmen Sie den Erwartungswert $\bar{X}$ und die Streuung $\sigma(x)$ der diskreten Zufallsgröße X mit der folgenden Verteilungstabelle!

x	7	8	9	10	11	12
p	$\frac{1}{9}$	$\frac{1}{6}$	$\frac{1}{9}$	$\frac{1}{3}$	$\frac{1}{6}$	$\frac{1}{9}$

Berechnen Sie ferner die Wahrscheinlichkeit dafür, daß x vom Erwartungswert $\bar{X}$ um weniger als 2 abweicht!

$\bar{X} = \ldots\ldots$, $\sigma = \ldots\ldots$, $p(|\bar{X} - x| < 2) = \ldots\ldots$

- Wenn Sie diesen Aufgabenkomplex gelöst haben, lesen Sie bitte weiter bei Ziffer 94!

---

94 Wir wollen jetzt die Binomialverteilung kennenlernen.
Ein Beispiel soll uns in die Problematik einführen.

Die Wahrscheinlichkeit dafür, daß in einem Industriebetrieb der Wasserverbrauch für einen Tag eine bestimmte Höhe nicht überschreitet, sei $p = 0,75$.

> Es ist die Wahrscheinlichkeit zu bestimmen, daß der Wasserverbrauch innerhalb von 6 Tagen für 0, 1, 2, 3, ..., 6 Tage eine bestimmte Höhe nicht überschreitet. Zeichnen Sie für die angegebenen Tage die Wahrscheinlichkeiten als Kreuze in das untenstehende Diagramm!

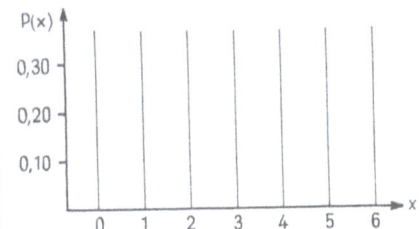

Abb. 6 Wahrscheinlichkeit eines normalen Wasserverbrauchs an x Tagen, der eine bestimmte Höhe nicht überschreitet

- Können Sie die Wahrscheinlichkeiten nicht berechnen, lesen Sie bitte Ziffer 48 ff. noch einmal durch!
- Haben Sie die Kreuze alle eingezeichnet, lesen Sie bitte Ziffer 95!

Vergleichen Sie nun die Abbildung dieser Ziffer mit Ihrer Zeichnung in Ziffer 94! Sie stimmen überein?

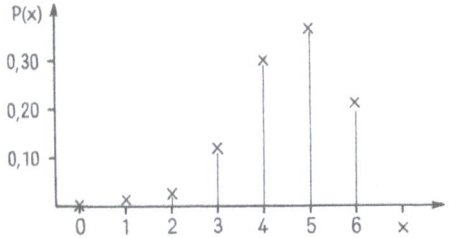

Abb. 7 Wahrscheinlichkeit eines normalen Wasserverbrauchs an x Tagen

Stimmen die Zeichnungen nicht überein, so versuchen Sie unbedingt den Fehler zu finden. Lesen Sie eventuell Ziffer 48 noch einmal durch!

Eine solche Verteilung heißt, weil die Wahrscheinlichkeiten mit Hilfe der Binomialkoeffizienten gefunden werden, Binomialverteilung (manchmal auch Bernoulliverteilung genannt).

Die Binomialverteilung ist eine diskrete Verteilung. Die Wahrscheinlichkeit [1] für x = k wird bestimmt durch $p(x = k) = \binom{n}{k} p^k q^{n-k}$.

Die Verteilungsfunktion lautet

$$F(x) = \begin{cases} 0 & \text{für } x \leq 0 \\ \sum_{k < x} \binom{n}{k} p^k q^{n-k} & \text{für } 0 < x \leq n \\ 1 & \text{für } x > n \end{cases}$$

Für unser Beispiel ergibt sich also folgende Verteilungsfunktion:

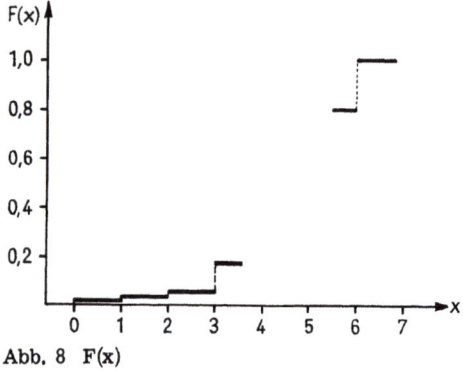

Abb. 8 F(x)

Ergänzen Sie den Funktionsverlauf für x = 4 bis x = 5! Versuchen Sie nun, den Mittelwert $\overline{X}$ auszurechnen!

● Möchten Sie Ihr Ergebnis vergleichen, lesen Sie bitte Ziffer 96!

● Ist Ihr Ergebnis falsch, oder haben Sie noch Unklarheiten, lesen Sie bitte bei Ziffer 97 weiter!

---

[1] Bei der Binomialverteilung wird oft gesetzt q = 1-p, das heißt, q ist die Komplementärwahrscheinlichkeit zu p.
Beachten Sie, daß folgender Zusammenhang besteht: Mit dem Bernoullischen Schema können die Wahrscheinlichkeiten der Binomialverteilung ausgerechnet werden.

Es ist $\bar{X} \approx 4,50$.

Versuchen wir nun, allgemein den Erwartungswert der Binomialverteilung zu berechnen. Dazu schreiben wir die Werte für $x_i p_i$ in folgender Form allgemein auf:

x_i	p_i	$x_i p_i$
0	$\binom{n}{0}p^0 q^n$	0
1	$\binom{n}{1}p^1 q^{n-1}$	$1 \cdot \binom{n}{1}p^1 q^{n-1} = np \cdot q^{n-1}$
2	$\binom{n}{2}p^2 q^{n-2}$	$2 \cdot \binom{n}{2}p^2 q^{n-2} = np \cdot (n-1)pq^{n-2}$
3	$\binom{n}{3}p^3 q^{n-3}$	$3 \cdot \binom{n}{3}p^3 q^{n-3} = np \frac{(n-1)(n-2)}{1 \cdot 2} p^2 q^{n-3}$
.	.	.
.	.	.
.	.	.
k	$\binom{n}{k}p^k q^{n-k}$	$k \cdot \binom{n}{k}p^k q^{n-k} = np \frac{(n-1)(n-2)\ldots(n-k+1)}{1 \cdot 2 \ldots (k-1)} p^{k-1} q^{n-k-1}$
.	.	.
.	.	.
.	.	.
n	$\binom{n}{n}p^n q^0$	$n \cdot \binom{n}{n}p^n q^0 = np \cdot p^{n-1}$

Also können wir schreiben:

$$\bar{X} = \sum x_i p_i = np \left[\binom{n-1}{0}q^{n-1} + \binom{n-1}{1}pq^{n-2} + \binom{n-1}{2}p^2 q^{n-3} + \ldots + \binom{n-1}{n-1}p^{n-1} q^0 \right]$$

$$= np \sum_{k=0}^{n-1} \binom{n-1}{k} p^k q^{n-1-k}$$

Dies ist aber die Summation aller Wahrscheinlichkeiten der Binomialverteilung. Davon können Sie sich überzeugen, wenn Sie n-1=n' setzen. Diese Summe ist gleich 1.

Es gilt also:

$\bar{X} = np$ bei der Binomialverteilung.

Rechnen Sie nun für folgende Beispiele aus unserem Buch den Erwartungswert aus!

Ziffer 18   zweimaliger Münzwurf   : n = 2, $p = \frac{1}{2}$, $\overline{X} = \ldots$

Ziffer 48   3 Baumwollfasern   : n = 3, p = 0,75, $\overline{X} = \ldots$

Ziffer 52   10 Baumwollfasern   : n = 10, p = 0,75, $\overline{X} = \ldots$

Ziffer 50   schönes Wetter für 3 Tage: n = 3, $p = \frac{5}{6}$, $\overline{X} = \ldots$

Ziffer 50   schönes Wetter für 14 Tage: n = 14, $p = \frac{5}{6}$, $\overline{X} = \ldots$

Interpretieren Sie diese Ergebnisse!

Daraus können wir schlußfolgern, daß der Mittelwert der Binomialverteilung von genau j = ... Parametern[1] abhängt.

- j = 2 (n, p)? Lesen Sie bitte bei Ziffer 99 weiter!
- j = 3 (n, p, q)? Lesen Sie bitte bei Ziffer 98 weiter!

97

Der Erwartungswert $\overline{X}$ einer diskreten Zufallsgröße wird durch folgende Formel bestimmt (vergleichen Sie Ziffer 88):

$$\overline{X} = \sum_{\text{über alle } x_i} x_i p_i$$

Im Beispiel haben wir folgende x_i und p_i

x_i	p_i	$x_i p_i$
0	0,00	0
1	0,00	0,00
2	0,03	0,06
3	0,13	0,39
4	0,30	1,20
5	0,36	1,80
6	0,18	1,08
$\sum$	1,00	4,53 ≈ 4,50

Selbstverständlich ist $\sum p_i = 1$. Die letzte Spalte enthält $x_i p_i$, und $\sum x_i p_i = \overline{X} = 4,50$ ist das von uns gesuchte Ergebnis. Im Durchschnitt ist also an 4 bis 5 Tagen ein normaler Wasserverbrauch zu erwarten.

- Lesen Sie in Ziffer 96 weiter!

---

[1] Vielfach werden unter Parametern einer Verteilung lediglich der Erwartungswert und die Standardabweichung verstanden.

j = 3 Parameter sind also Ihrer Meinung nach zur Charakterisierung des Mittelwertes der Binomialverteilung notwendig. Überlegen Sie bitte:

$$\bar{X} = n \cdot p$$
und $q = 1 - p$

Ein Parameter ist aber immer eine Größe, die unabhängig von den anderen Parametern einen Einfluß auf die zu bestimmende Größe (hier $\bar{X}$) ausüben muß, q kann aber immer durch p ersetzt werden. Die Bedingung erfüllen also nur n und p.

■ $\bar{X}$ wird also durch ... Parameter bestimmt.

● Lesen Sie jetzt bitte Ziffer 99!

Sie haben recht! Aus 2 Parametern n und p haben wir $\bar{X}$ errechnet.

Versuchen wir nun, für die Streuung ebenfalls eine Berechnungsformel zu erhalten.

Es war

$$\sigma^2 = \sum_k (x_k - \bar{X})^2 p_k = \sum_k x_k^2 p_k - \bar{X}^2$$

Für die Binomialverteilung erhalten wir:

$$\sigma^2 = \sum_k x_k^2 \binom{n}{k} p^k q^{n-k} - (n \cdot p)^2$$

Nach einigen Umformungen[1] erhält man:

1 Vergleichen Sie zum Beispiel [2] im Literaturverzeichnis.

Die Streuung der Binomialverteilung wird bestimmt durch:

$$\sigma = \sqrt{n \cdot p \cdot q} = \sqrt{n \cdot p \,(1-p)}$$

Berechnen wir nun die Streuung für die gleichen Beispiele wie in Ziffer 96!

zweimaliger Münzwurf $\quad$ n= 2 $\quad$ p= $\frac{1}{2}$ $\quad$ q=... $\quad$ σ^2=... $\quad$ σ =...

3 Baumwollfasern $\quad$ n= 3 $\quad$ p=0,75 $\quad$ q=... $\quad$ σ^2=... $\quad$ σ =...

10 Baumwollfasern $\quad$ n=10 $\quad$ p=0,75 $\quad$ q=... $\quad$ σ^2=... $\quad$ σ =...

schönes Wetter für 3 Tage $\quad$ n= 3 $\quad$ p= $\frac{5}{6}$ $\quad$ q=... $\quad$ σ^2=... $\quad$ σ =...

schönes Wetter für 14 Tage $\quad$ n=14 $\quad$ p= $\frac{5}{6}$ $\quad$ q=... $\quad$ σ^2=... $\quad$ σ =...

In der Ziffer 100 finden Sie 6 Binomialverteilungen. Die zugehörigen Parameter n und p sind hier in anderer Reihenfolge aufgeführt.

Ordnen Sie den Zeichnungen (1, 2, ..., 6) die richtigen Parameter zu!

A : n = 3 $\quad$ p = 0,75
B : n = 3 $\quad$ p = 0,95
C : n = 8 $\quad$ p = 0,40
D : n = 8 $\quad$ p = 0,60
E : n = 10 $\quad$ p = 0,75
F : n = 20 $\quad$ p = 0,75

- Ist die Zuordnung $\quad$ A 6
  B 1
  C 3
  D 2
  E 5
  F 4 $\quad$ richtig? Schlagen Sie Ziffer 101 auf!

- Oder ist $\quad$ A 6
  B 1
  C 2
  D 3
  E 5
  F 4 $\quad$ richtig? Schlagen Sie Ziffer 102 auf!

- Oder ist $\quad$ A 1
  B 6
  C 2
  D 3
  E 5
  F 4 $\quad$ richtig? Schlagen Sie Ziffer 103 auf!

- Haben Sie eine andere Zuordnung gefunden, schlagen Sie bitte Ziffer 104 auf!

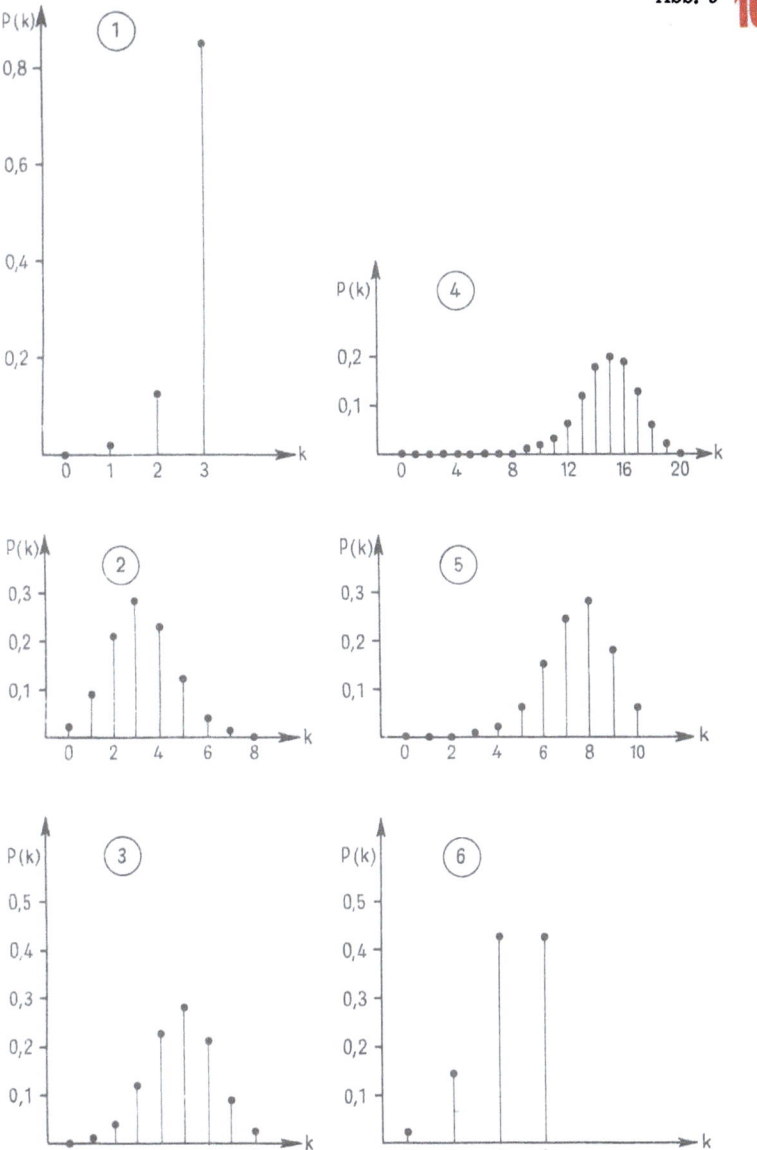

Abb. 9

101 Sie haben richtig erkannt, daß wir genau n + 1 Wahrscheinlichkeiten erhalten. Doch zwei Zuordnungen sind falsch. Überlegen Sie bitte, wenn p < 0,5 ist, dann haben die Ereignisse mit kleinem k (k = 0, 1, 2 usw.) eine höhere Wahrscheinlichkeit als die Ereignisse mit großem k (k = n, n − 1 usw.). Demnach muß die Verteilung für p < 0,5 links von $\frac{n}{2}$ höhere Wahrscheinlichkeiten besitzen als rechts von $\frac{n}{2}$.

Eine solche Verteilung nennt man dann linkssteil.

Versuchen Sie sich das an einem Beispiel zu verdeutlichen:
Es sei $p = \frac{3}{4}$ und n = 2.

Dann ergibt sich: $\quad p_k = \binom{2}{k}\left(\frac{3}{4}\right)^k\left(\frac{1}{4}\right)^{2-k}$

zum Beispiel für k = 0 $\quad p_0 = \binom{2}{0}\left(\frac{3}{4}\right)^0\left(\frac{1}{4}\right)^2 = \frac{1}{16}$

aber für k = 2 $\quad p_2 = \binom{2}{2}\left(\frac{3}{4}\right)^2\left(\frac{1}{4}\right)^0 = \frac{9}{16}$

Es ist also $p_0 < p_2$ (für n = 2). Diese Verteilung heißt dann rechtssteil, und wir können dies an p > 0,5 (im Beispiel ist p = 0,75) erkennen.

■ Zeichnen Sie die zugehörige Verteilung auf diese Seite!

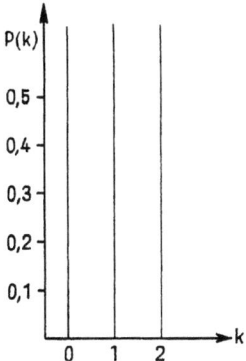

- Berücksichtigen Sie diesen Hinweis, und dann finden Sie bestimmt
97 die richtigen Zuordnungen in Ziffer 99!

102 Sie haben die richtige Antwort gefunden.

Versuchen wir nun, einige Eigenschaften der Binomialverteilung zusammenzufassen:

1. Die Binomialverteilung weist n + 1 diskrete Wahrscheinlichkeitswerte aus.
2. Die Binomialverteilung ist in der Regel unsymmetrisch. Für p < 0,5 ist die linkssteil, das heißt, links von $\frac{n}{2}$ liegen die Werte mit den höheren Wahrscheinlichkeiten. Für p > 0,5 ist sie rechtssteil, für p = 0,5 ist die Binomialverteilung symmetrisch, das heißt, eine Spiegelung bei $\frac{n}{2}$ ist möglich.
3. Je größer n wird, desto mehr wird die Verteilung symmetrisch.
4. Die Größen n und p bestimmen die Verteilung vollständig.

Die Binomialverteilung ist für einige n und p im Anhang in Tabellenform angegeben. Sie können damit die Wahrscheinlichkeiten in Ziffer 100 überprüfen.

Die Binomialverteilung ist sehr praktikabel, wenn n klein ist. Für große n und für p beziehungsweise q nahe an 0 beziehungsweise 1 sind die Berechnungen sehr aufwendig. Wenn nur eine Wahrscheinlichkeit ausgerechnet wird, kann auch für größere n die Berechnung mit vertretbarem Aufwand durchgeführt werden; für die Berechnung aller Werte der Binomialverteilung ist das sehr aufwendig. Dann wird meist die Poissonverteilung benutzt.

> Versuchen wir zuerst, ein Beispiel für die Poissonverteilung zu konstruieren.
> Wir beobachten den Sternhimmel in einem bestimmten Sternbild 60 Minuten. Während dieser Zeit fallen genau 6 Sternschnuppen. Daraus folgern wir: Pro Minute fällt durchschnittlich $\frac{1}{10}$ Sternschnuppe. Diesen Wert $\overline{X}$ setzen wir für dieses Beispiel gleich p. Uns interessiert die Wahrscheinlichkeit, daß in 60 Minuten genau 0, 1, 2, 3, ..., 60 Sternschnuppen fallen.
> Ist es möglich, diese Wahrscheinlichkeiten mit der Bernoulliverteilung (Binomialverteilung) zu berechnen?

- Ja? Dann geht es bei Ziffer 105 weiter.
- Nein? Dann geht es bei Ziffer 106 weiter.

Sie haben richtig erkannt, daß es n + 1 mögliche Ereignisse gibt. Doch zwei Zuordnungen sind falsch. Wenn für 2 Verteilungen mit den Parametern p_i und gleichem n $p_1 < p_2$ gilt, dann bedeutet das, daß für kleine k die Verteilung mit kleinerem p (hier p_1) die größeren Wahrscheinlichkeitswerte besitzt.

Es ist, wie Sie durch Ausrechnen leicht nachweisen können,

$$p^1 (k = 0) > p^2 (= 0),$$

wenn p^1 mit p_1 und p^2 mit p_2 errechnet wurde.

Es ist zum Beispiel

für n = 3 und $p = \frac{1}{4}$ $\qquad p_0 = \binom{3}{0}(\frac{1}{4})^0(\frac{3}{4})^3 = \frac{9}{16} \approx \frac{55}{100}$

aber für $p = \frac{5}{100}$ $\qquad p_0 = \binom{3}{0}(\frac{5}{100})^0(\frac{95}{100})^3 = \frac{855\,000}{1\,000\,000} \approx \frac{86}{100}$

Dies sind übrigens die Komplementärwahrscheinlichkeiten zu den Verteilungen, die sie falsch zugeordnet haben.

● Beachten Sie diesen Hinweis und wählen Sie in Ziffer 99 die richtige Antwort!

104 Ihre Antwort ist falsch.

Bitte überprüfen Sie mit Hilfe der Formel (vergleichen Sie Ziffer 95)

$$p(k) = \binom{n}{k} p^k q^{n-k},$$

wieviel mögliche Wahrscheinlichkeitswerte k = 0, 1, 2, ..., n es gibt, das heißt, wieviel k ausgerechnet werden müssen! Rechnen Sie eventuell eine Verteilung mit der obigen Formel aus. Zum Beispiel: p = 0,4, q = 1 − p = 0,6, n = 8.

Es ist $p(0) = \binom{8}{0} 0,4^0 \cdot 0,6^8 = 1 \cdot 1 \cdot 0,6^8 = 0,017$
$p(1) = \ldots\ldots\ldots\ldots = \ldots\ldots\ldots = 0,090$
$p(2) = \ldots\ldots\ldots\ldots = \ldots\ldots\ldots = 0,209$ usw.

> Rechnen Sie solange für die Verteilungen ausgewählte Wahrscheinlichkeiten aus, bis Sie glauben, die Gesetzmäßigkeiten erkannt zu haben.
>
> Sollten Sie den Ausdruck $\binom{n}{k}$, den Binomialkoeffizienten, nicht ausrechnen können, dann lesen Sie bitte die Hinweise in den Ziffern 48 und 50 noch einmal!

● Dann finden Sie in Ziffer 99 bestimmt die richtige Antwort.

---

105 Selbstverständlich können Sie mit n = 60 und $p = \frac{1}{10}$ die Binomialverteilung anwenden; doch ist die Rechnung sehr zeitraubend.

Für seltene Ereignisse (p nahe an 0) und große n wird deshalb die Poissonverteilung angewendet.

Die Poissonverteilung bestimmt die Wahrscheinlichkeiten der diskreten Veränderlichen k durch

$$P(X = k) = \frac{\lambda^k}{k!} e^{-\lambda}.$$

Dabei wird gesetzt: $\lambda = n \cdot p$. Es muß gelten $p \ll 1$,[1] das heißt, die Poissonverteilung arbeitet mit seltenen Ereignissen.
Die Poissonverteilung gilt nur, wenn λ konstant ist.

e ist die Basis des natürlichen Logarithmus mit $e \approx 2,7183$.

Führen wir für unser Sternschnuppenbeispiel die Berechnung durch. Es ist $\lambda = n \cdot p = 60 \cdot \frac{1}{10} = 6$. Demnach ergibt sich:

(Den Wert e^{-6} lesen wir aus geeigneten Tafeln ab)

$$P(X=0) = \frac{6^0}{0!} e^{-6} = e^{-6} \qquad = 0,002$$

$$P(X=1) = \frac{6^1}{1!} e^{-6} = 6 \cdot e^{-6} = 0,015$$

$$P(X=2) = \frac{6^2}{2!} e^{-6} = \frac{6}{2} P(X=1) = 18 \cdot e^{-6} = 0,045$$

$$P(X=3) = \frac{6^3}{3!} e^{-6} = \frac{6}{3} P(X=2) = 36 \cdot e^{-6} = 0,089$$

Berechnen Sie noch bis X = 7 die zugehörigen Wahrscheinlichkeiten und zeichnen Sie diese Ergebnisse in die Abbildung 10 in Ziffer 107 ein!

P (X = 4) = ...

P (X = 5) = ...

P (X = 6) = ...

P (X = 7) = ...

Vergleichen Sie diese Werte mit den Angaben der Tabelle 1!

- Lesen Sie bei Ziffer 107 weiter!

---

[1] $p \ll 1$ bedeutet, p ist sehr klein im Vergleich mit 1.

106 Sie meinen, das geht nicht? Nun, aufwendig ist es schon, aber sonst ist es möglich. In 60 Minuten fallen 6 Sternschnuppen, in einer Minute also durchschnittlich $\frac{6}{60} = \frac{1}{10}$ Sternschnuppe.

Demnach wäre n = 60 und p = $\frac{1}{10}$, und wir könnten nach der Formel rechnen:

$$P(X = k) = \binom{60}{k} \left(\frac{1}{10}\right)^k \left(\frac{9}{10}\right)^{60-k}$$

Für k = 0 ergibt das: $P(X = 0) = \binom{60}{0} \left(\frac{1}{10}\right)^0 \left(\frac{9}{10}\right)^{60}$

Das ist eine sehr langwierige Rechnung. Aber trotzdem ist eine solche Berechnung möglich und Ihre Antwort ist falsch.

● Bitte schlagen Sie jetzt Ziffer 105 auf!

107

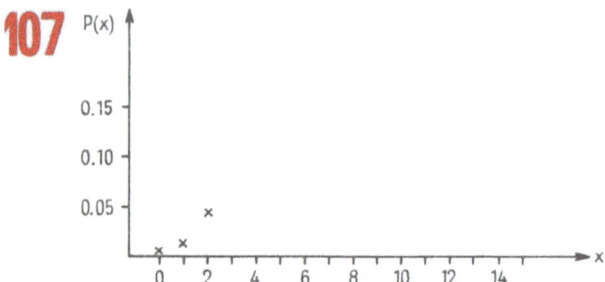

Abb. 10 Wahrscheinlichkeit, daß in 60 Minuten x Sternschnuppen fallen

Nun ist noch die Frage zu beantworten, wie groß die Wahrscheinlichkeit ist, daß man bis zu 5, 10 oder 15 Sternschnuppen sieht. Hierzu müssen wir die Verteilungsfunktion der Poissonverteilung betrachten.

Die Verteilungsfunktion der Poissonverteilung lautet:

$$F(x) = \sum_{k<x} (P(X=k)) = \begin{cases} 0 & \text{für } x \leq 0 \\ \sum_{k<x} \frac{\lambda^k}{k!} e^{-\lambda} & \text{für } x > 0 \end{cases}$$

Es ist selbstverständlich $F(\infty) = 1$

Für unser Beispiel ergibt sich als Verteilungsfunktion die folgende Treppenkurve:

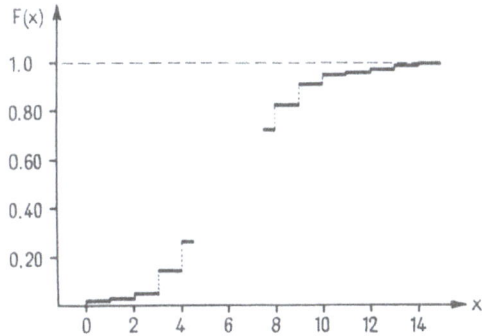

Abb. 11 F(x) für die Poissonverteilung mit $\lambda = 6$

Bitte ergänzen Sie die fehlenden Werte zwischen $x = 5$ und $x = 7$! Wir können nun ablesen, daß mit einer Wahrscheinlichkeit $p = \ldots$ bis zu 5 Sternschnuppen fallen. (Voraussetzung ist natürlich, daß die Wahrscheinlichkeit für einen Sternschnuppenfall je Minute $p = \frac{1}{10}$ richtig ist. Wenn Sie zum Beispiel im April eine willkürliche Himmelsgegend betrachten, gilt diese Wahrscheinlichkeit auf keinen Fall.)

Durch das Beispiel ist der Vorteil der Poissonverteilung gegenüber der Binomialverteilung bei der Bestimmung der Wahrscheinlichkeiten offensichtlich. Weiter wurde aus empirischen Untersuchungen bekannt, daß sehr viele Prozesse mit Poissonverteilungen viel besser erfaßt werden können als mit Binomialverteilungen.

Nun zu einer charakteristischen Eigenschaft der Poissonverteilung. Bei der Binomialverteilung konnte durch 2 Parameter (n, p) die Verteilung bestimmt werden.

■ Wieviel Parameter charakterisieren die Poissonverteilung?

● 3 Parameter λ, n, e. Lesen Sie bei Ziffer 108 weiter!
● 2 Parameter λ, n. Lesen Sie bei Ziffer 109 weiter!
● 1 Parameter λ.   Lesen Sie bei Ziffer 110 weiter!

---

108 Ihre Antwort ist falsch.

Nehmen wir zum Beispiel e. e ist doch kein Parameter, also eine Größe, die auf verschiedene Poissonverteilungen unterschiedlich einwirkt. e ist eine konstante Zahl. In Ziffer 105 ist der numerische Wert angeführt. e ist unveränderlich und deshalb k e i n Parameter der Poissonverteilung.

● Lesen Sie in Ziffer 109 weiter!

109

Ein Parameter ist eine für eine Verteilung charakteristische Größe.
$\bar{X}$ und σ sind zum Beispiel für alle Verteilungen zwei charakteristische
Größen. Sie bestimmen meist hinlänglich eine Verteilung. Daneben gibt
es für jede Verteilung meist noch Parameter, die zumindestens gleich-
wertig zu $\bar{X}$ und σ sein müssen. Für die Binomialverteilung waren
2 Parameter (p, n) die charakteristischen Größen. Eine Forderung an
solche speziellen Parameter einer Verteilung ist zum Beispiel, daß man
daraus auch $\bar{X}$ und σ bestimmen kann. Das war möglich, denn es gilt:

$\bar{X} = \ldots$
$\sigma = \ldots$ für die Binomialverteilung.

Das sind ausschließlich Funktionen von n und p. In der Formel der
Poissonverteilung dagegen tritt als Veränderliche nur λ auf. n ist doch
explizit gar nicht in der Formel enthalten, das heißt, das Produkt
$n \cdot p = \lambda$ muß konstant sein, oder wächst n, muß p so abnehmen, daß
$n \cdot p = \lambda$ konstant bleibt.

> Überlegen Sie bitte, ob auf unser Sternschnuppenbeispiel diese For-
> derung zutrifft. Unterstreichen Sie das Zutreffende:
>
> Ja, weil weniger Sternschnuppen bei Verlängerung der Beobachtungs-
> dauer fallen.
>
> Bedingt, weil die Aufmerksamkeit des Beobachters bei Verlängerung
> der Beobachtungsdauer nachläßt, aber nicht proportional.
>
> Nein, weil die Wahrscheinlichkeit konstant bleibt.

Unabhängig von diesen Feststellungen gilt jedoch, daß bei einer Poissonverteilung, streng genommen, nur ein einziger Parameter λ die Verteilung bestimmt. Ist das Produkt $n \cdot p = \lambda$ nicht konstant, dann darf nach
der Theorie eine Poissonverteilung nicht angenommen werden.

Weiter haben wir erfahren, daß dann aus λ die Werte $\bar{X}$ und σ bestimm-
bar sein müssen.

● Blättern Sie nach Ziffer 110 weiter!

110 λ ist der einzige Parameter der Poissonverteilung.

Das haben Sie richtig erkannt. Damit bestimmt eine einzige Größe sämtliche Wahrscheinlichkeitswerte, und damit können Tabellen die Berechnungen ersetzen. Im Anhang gibt Tabelle 1 die Wahrscheinlichkeitswerte für verschiedene λ an.

> Bitte schlagen Sie Tabelle 1 auf und überprüfen Sie Ihre Berechnungen für das Sternschnuppenbeispiel! Tragen Sie in die Zeichnung auf Seite 102 (Abb. 10) die fehlenden Werte für $k \geq 8$ ein!

Wir hatten ein Wetterbeispiel in Ziffer 50 mit dem Bernoullischen Schema durchgerechnet. Die Wahrscheinlichkeit dafür, daß an einem bestimmten Tag schönes Wetter ist, war $p = \frac{5}{6}$.

> Stellen Sie nun grafisch die Wahrscheinlichkeiten dar, daß an 18 Tagen 0, 1, 2, 3, ..., 18 Tage schönes Wetter herrscht! Benutzen Sie die Abbildung 12. Für 9 und 14 Tage ist die Wahrscheinlichkeit eingezeichnet. Benutzen Sie die Tabelle 1 für die Poissonverteilung.

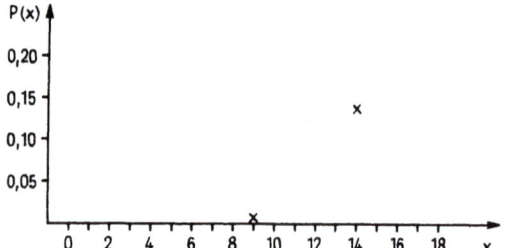

Abb. 12 F(x) für die Poissonverteilung mit $\lambda = \ldots$

- Möchten Sie einige Rechenhinweise haben, dann lesen Sie Ziffer 111!

> Haben Sie die Zeichnung fertiggestellt, so beantworten Sie bitte folgende Frage: Dürfen wir in diesem Beispiel eine Poissonverteilung voraussetzen?

- Ja? Dann lesen Sie bei Ziffer 112 weiter!
- Nein? Dann lesen Sie bei Ziffer 113 weiter!

Ein kleiner Kunstgriff ist bei dieser Aufgabe notwendig. Es sind n = 18 und p = $\frac{5}{6}$. Nun dürfen Sie aber nicht rechnen n · p = 18 · $\frac{5}{6}$ = 15.

Das ist falsch! Warum?

Die Poissonverteilung untersucht seltene Ereignisse, das heißt Ereignisse, deren Wahrscheinlichkeit nahe bei 0 liegt. Wenn wir deshalb Wahrscheinlichkeiten untersuchen, für die gilt (1 − p) < p, das heißt p > 0,5, gehen wir von der Komplementärwahrscheinlichkeit p̄ = 1 − p aus. Da aber gilt P (X = k) = P̄ (X = n − k), brauchen wir nur auf der Abbildung entweder die Numerierung von n, n − 1, ..., 0 laufen zu lassen oder wir tragen die Wahrscheinlichkeiten genau spiegelbildlich ein.

Dazu noch ein Beispiel. In Ziffer 52 hatten wir mit dem Bernoullischen Schema bestimmt

$P_{10}(6) = 0,15$

Dabei war n = 10, p = $\frac{3}{4}$.

> Berechnen Sie diesen Wert nun noch einmal mit der Poissonverteilung!
>
> Es ist λ = ..., und daraus lesen wir aus Tabelle 1 ab $P_{10}(6)$ = ...
> Die Berechnungen stimmen also ... (etwa überein / nicht überein).

107 ● Nun können Sie in Ziffer 110 bestimmt die Zeichnung vervollständigen.

112 Es ist also richtig, hier die Poissonverteilung anzunehmen?

Da müssen wir Sie etwas enttäuschen. Es ist theoretisch falsch, hier eine Poissonverteilung anzunehmen.

Bei einer Poissonverteilung wird gefordert, daß $\lambda = n \cdot p$ konstant ist. Hier kann man doch die Fragestellung auf n = 30, n = 60 oder n = 120 Tage erweitern, ohne daß p sich so verändert, daß λ etwa konstant bleibt. λ würde von $\lambda = 3$ auf $\lambda = 5$, $\lambda = 10$ oder $\lambda = 20$ ansteigen.

In der Praxis erfüllen aber nur sehr wenige Zufallsprozesse diese Forderung exakt. Weil die Poissonverteilung leicht zu handhaben ist, wird sie aber auch für solche Berechnungen benutzt. Andererseits sind aber für bestimmte Wahrscheinlichkeitsbereiche die Ergebnisse der Poissonverteilung und der Binomialverteilung fast identisch.

Für eine Reihe von Anwendungen ist es theoretisch also gleichgültig, mit welcher Verteilung gearbeitet wird. Welche Verteilung zu nehmen ist, wird durch die Art des zu erfassenden Prozesses bestimmt. (Versuchen Sie, in den Tabellen 1 und 5 des Anhangs die n und p zu bestimmen, für die bei beiden Verteilungsfunktionen annähernd gleiche Wahrscheinlichkeitsverteilungen bestehen!) Eine eindeutige Zuordnung einer einzigen Verteilung zu einem bestimmten Prozeß ist nicht immer möglich.

Merken Sie sich:

Viele Zufallsprozesse lassen sich nicht exakt durch bestimmte Verteilungen ausdrücken. Dann wird eine solche Verteilung zugrunde gelegt, die den meisten theoretischen Anforderungen genügt und genügend praktikabel ist. Für Ereignisse mit niedrigen Wahrscheinlichkeiten ist das in vielen Fällen die Poissonverteilung.

● Bitte lesen Sie bei Ziffer 113 weiter!

Nein! Wir dürfen die Poissonverteilung nicht voraussetzen, weil
n · p = λ nicht konstant ist. Wenn n wächst, wächst auch λ.

Trotzdem wird in praktischen Aufgaben sehr oft die Poissonverteilung benutzt, auch wenn obige Forderung nicht erfüllt ist. Das ist auf folgende Vorteile der Poissonverteilung zurückzuführen:

1. Vorteil: Die Poissonverteilung kann leicht berechnet werden.

2. Vorteil: Die Poissonverteilung ist tabelliert.

3. Vorteil: $\bar{X}$ und σ der Poissonverteilung sind sofort aus λ ableitbar.

Diesen dritten Vorteil werden wir sofort nachprüfen.

Es war $\bar{X} = \sum\limits_{\text{über alle k}} k \cdot p_k$

Damit ist $\bar{X} = \sum\limits_{\text{über alle k}} k \cdot \frac{\lambda^k}{k!} e^{-\lambda}$

Dies ergibt nach einigen Umrechnungen[1] $\bar{X} = \lambda$.

Es war weiter $\sigma^2 = \sum k^2 p_k - \bar{X}^2$ (Siehe Ziffer 99)

Damit ist $\sigma^2 = \sum k^2 \frac{\lambda^k}{k!} e^{-k} - \lambda^2$

Auch dieser Ausdruck ergibt nach einigen Umrechnungen $\sigma^2 = \lambda$.

Es gilt also für die Poissonverteilung $\bar{X} = \sigma^2 = \lambda$.

Einfacher geht es nicht mehr!

Bitte überlegen Sie nun die folgende Aufgabe!

In einem Betrieb ist bekannt, daß in einer Stunde durchschnittlich 4 Ausschußstücke anfallen. Weiter ist bekannt, daß die Streuung $\sigma = 2$ beträgt [2].

---

1 Vergleichen Sie zum Beispiel [2] im Literaturverzeichnis.

2 $\bar{X}$ und σ sind in diesem Fall durch Methoden der mathematischen Statistik errechnete Größen, auf deren Berechnungsmethoden nicht eingegangen werden soll. Diese $\bar{X}$ und σ der mathematischen Statistik stimmen formal mit $\bar{X}$ und σ der Wahrscheinlichkeitsrechnung überein.

| Kann aus diesen Angaben mit der Poissonverteilung die Wahrscheinlichkeit für das Auftreten von 0, 1, 2, ... usw. Ausschußstücken in einer Stunde bestimmt werden?

- Ja? Dann lesen Sie Ziffer 114!
- Nein? Dann lesen Sie Ziffer 115!

---

114 Natürlich, das ist ein geeignetes Anwendungsgebiet.

Es ist nicht notwendig, zuerst p zu bestimmen, wenn $\lambda = \bar{X} = \sigma^2$ nachgewiesen ist; es kann sofort die Poissonverteilung angewendet werden. Manchmal verzichtet man sogar auf die Berechnung von σ ; wenn man mit einiger Berechtigung annehmen kann, daß die Poissonverteilung gilt (also insbesondere p nahe an 0 beziehungsweise 1), geht man ohne weitere Berechnungen sofort zur Bestimmung der einzelnen Wahrscheinlichkeiten über.

Fassen wir noch einmal die Eigenschaften der Poissonverteilung zusammen:

1. Die Poissonverteilung ist eine linkssteile Verteilung.
2. Mit wachsendem n nimmt die Linkssteilheit ab.
3. Selbstverständlich sind
   $F(-\infty) = F(0) = 0$ und
   $F(+\infty) = 1$.
4. Die Poissonverteilung hat nur einen Parameter $\lambda = n \cdot p$.
5. Es gilt $\lambda = \bar{X} = \sigma^2$.

Voraussetzungen für die Anwendung der Poissonverteilung sind:
1. p ist klein.
2. $n \cdot p$ konstant oder $\bar{X} = \sigma^2$.

| Überprüfen Sie die Eigenschaften der Poissonverteilung an Tabelle 1 des Anhangs!

Als weitere Anwendungsbeispiele können noch genannt werden:

- Zahl der Ankünfte in einer Warteschlange, zum Beispiel Zahl der ankommenden Telefongespräche in einer Telefonzentrale (in der Warteschlangentheorie [1] spielt die Poissonverteilung eine wichtige Rolle),
- Untersuchung von Todesursachen in der Medizinalstatistik,
- Maschinenausfälle in Betrieben, Bedienungsstörungen der Maschinen und
- Untersuchung von Reaktionsabläufen in Chemie und Atomphysik.

Erwähnenswert ist noch, daß die Poissonverteilung direkt aus der Binomialverteilung abgeleitet werden kann. [2]

Kann es nun neben der Binomialverteilung und der Poissonverteilung noch andere diskrete Verteilungen geben?

- Ja? Dann lesen Sie bitte Ziffer 116!
- Nein? Dann lesen Sie bitte Ziffer 117!

[1] Eine Einführung in die Warteschlangentheorie ist in [3] des Literaturverzeichnisses gegeben.
[2] Vergleichen Sie zum Beispiel [9] des Literaturverzeichnisses!

Da wir die mathematische Statistik nicht besprochen haben und in diesem Heft nicht besprechen werden, können wir Ihre Antwort nicht exakt widerlegen. Bitte nehmen Sie es ohne Beweis als richtig an:

Man kann bei einer derartigen Vorgabe von $\bar{X}$ und σ mit $\bar{X} = \sigma^2 = \lambda$ (denn es ist im Beispiel $\bar{X} = 4$, $\sigma^2 = 4$) sofort die Poissonverteilung anwenden.

- Lesen Sie nun bitte Ziffer 114!

AUFGABENKOMPLEX 5

1. In einem Betrieb sind 0,5 Prozent der Erzeugnisse fehlerhaft.

   a) Berechnen Sie die Wahrscheinlichkeit, daß 1 000 Erzeugnisse fehlerfrei sind!
   p = ...

   b) Berechnen Sie σ nach der Formel für die Binomialverteilung und für die Poissonverteilung!
   $\sigma_{Binomial}$ = ... ,
   $\sigma_{Poisson}$ = ...

2. Die Wahrscheinlichkeit, daß eine Glühlampe in 100 Stunden durchbrennt beträgt 0,4.

   a) Wie groß ist die Wahrscheinlichkeit, daß von 10 Glühlampen nach dieser Zeit noch 9 brennen? p = ...

   b) Wie groß ist $\bar{X}$ und σ?
   $\bar{X}$ = ... σ = ...

   c) Wieviel Glühlampen müssen durchschnittlich nach dieser Frist ersetzt werden? .....

3. Ein Geschäft betreten in 10 Minuten durchschnittlich 5 Kunden. Wie groß ist die Wahrscheinlichkeit, daß in 10 Minuten

   a) 3 Kunden,

   b) 10 Kunden,

   c) mehr als 5 Kunden den Laden betreten?

   d) Was ist hier die Wahrscheinlichkeit p?
   (Das ist eine Aufgabe der Warteschlangentheorie.)

Aber natürlich gibt es noch eine große Anzahl anderer Verteilungen.
Die beiden ausführlich erläuterten Verteilungen sind jedoch die wichtigsten.

Erwähnenswert sind an diskreten Verteilungen noch:
- die Polyasche Verteilung und
- die hypergeometrische Verteilung.

Nebenbei bemerkt ist sowohl die Binomialverteilung als auch die hypergeometrische Verteilung ein Spezialfall der Polyaschen Verteilung. Die hypergeometrische Verteilung spielt zum Beispiel in der statistischen Qualitätskontrolle eine große Rolle.

Lösen Sie bitte jetzt Aufgabenkomplex 5. Kehren Sie dann an diese Stelle zurück.

Damit wollen wir nun die diskreten Verteilungen verlassen und uns mit einer stetigen Verteilung, der Normalverteilung, beschäftigen.

In der Literatur spricht man auch von der Gaußverteilung, weil C. F. Gauß (1777 - 1855) diese Verteilung eingehend untersucht hat. Wenn auf eine Zufallsgröße X nur zufällige Ursachen einwirken, dann, so hat Gauß festgestellt, ist die Zufallsgröße X nach der Normalverteilung verteilt; man sagt kürzer, dann ist X normal verteilt. Die Verteilungsfunktion und die Dichtefunktion haben eine sehr komplizierte Gestalt, die, wie wir später sehen werden, nicht ausgewertet zu werden brauchen.

Die Verteilungsfunktion der Normalverteilung wird gegeben durch:

$$F(x) = P(X<x) = \frac{1}{\sqrt{2\pi}\,\sigma} \int_{-\infty}^{x} e^{-\frac{(x-\bar{X})^2}{2\sigma^2}} dx$$

und die Dichtefunktion durch:

$$f(x) = F'(x) = \frac{1}{\sqrt{2\pi}\,\sigma}\, e^{-\frac{(x-\bar{X})^2}{2\sigma^2}}$$

Dabei ist e die Basis der natürlichen Logarithmen mit $e \approx 2,71828\ldots$
(Die Zahl e tauchte auch schon in der ..... Verteilung auf) und
$\pi = 3,14159\ldots$

Bestimmen wir nun wieder die Anzahl der Parameter der Normalverteilung.

- Sind Sie der Meinung, daß die Normalverteilung
- 4 Parameter hat (σ, π, e, $\bar{X}$)? Schlagen Sie Ziffer 118 auf!
- 3 Parameter hat (σ, $\bar{X}$, x)? Schlagen Sie Ziffer 119 auf!
- 2 Parameter hat ($\bar{X}$, σ)? Schlagen Sie Ziffer 120 auf!

---

117 Nein?

Überlegen wir einmal. Vorhin berechneten wir die Wahrscheinlichkeiten für den Wurf mit zwei Würfeln; die zugehörige Verteilung haben Sie gezeichnet. Das ist doch eine diskrete Verteilung, deren Verteilungsfunktion weder durch die Poissonverteilung noch durch die Binomialverteilung gegeben wird. Damit haben wir eine dritte diskrete Verteilung schon kennengelernt. Daneben gibt es noch eine sehr große Anzahl anderer diskreter Verteilungen, die aber alle nicht die Bedeutung der schon besprochenen Verteilungen besitzen. Also ist Ihre Antwort falsch.

- Bitte wählen Sie in Ziffer 114 die richtige Antwort!

---

118 Ihre Antwort ist etwas befremdlich.

Beantworten Sie sich bitte selbst die Frage, was ein Parameter ist! Können Sie die Frage nicht beantworten, dann lesen Sie bitte erst noch einmal die Ziffer 109 durch!

- Versuchen Sie dann, in Ziffer 116 die richtige Antwort zu finden!

119

Sie meinen also, daß zum Beispiel x ein Parameter der Normalverteilung ist? x ist eine veränderliche Größe, die in jeder stetigen Verteilung vorkommt. Bei den diskreten Verteilungen nannten wir diese Veränderliche k, und k konnte von 0 beginnend ganzzahlige positive Werte annehmen. Entsprechend veränderte sich die Wahrscheinlichkeit. Für eine stetige Verteilung gilt dies auch. Die Rolle von k übernimmt hier x.

Wie groß ist zum Beispiel:
$F(-\infty) = \ldots\ldots$ x ist hier $-\infty$
$F(+\infty) = \ldots\ldots$ x ist hier $+\infty$

Andere Werte können wir nicht ausrechnen. Für x = 0 oder irgend eine andere Zahl müssen wir die Werte der Parameter vorher bestimmen. Wir können auch anders fragen: Welche Buchstaben in F(x) müssen wir mit Zahlen belegen, so daß die rechte Seite der Gleichung der Verteilungsfunktion (und dasselbe gilt für die Dichtefunktion) nur von x abhängig ist?

● Überprüfen Sie die Formel der Verteilungsfunktion daraufhin, und wählen Sie in Ziffer 116 eine andere Antwort!

120

Sie haben richtig erkannt:

$\bar{X}$ und σ sind die Parameter der Normalverteilung.

Wenn wir nach den in Ziffer 93 angegebenen Formeln $\bar{X}$ und σ ausrechnen würden, ergäbe sich, daß $\bar{X}$ wirklich der Erwartungswert und σ tatsächlich die zu dieser Verteilung gehörige Streuung ist. Wenn wir also $\bar{X}$ und σ kennen, können wir sofort die zugehörige Normalverteilung berechnen.

Für die Poissonverteilung konnten wir, wenn der Parameter λ bekannt war, die Verteilung aus Tafeln ablesen. Für die Normalverteilung nutzt man dies ebenfalls aus. Man setzt $\bar{X} = 0$ und $\sigma = 1$. Da aber $\bar{X}$ und σ für jedes Beispiel andere Werte annehmen, muß vorher eine Umformung vorgenommen werden. Diesen Vorgang nennt man Normierung; es ergibt sich dann die sogenannte normierte Normalverteilung.

Die normierte Verteilungsfunktion der Normalverteilung, die dann als $\Phi(t)$ bezeichnet wird, und die normierte Dichtefunktion, die mit $\varphi(t)$ in der Literatur bezeichnet wird, würden dann wie folgt aus $F(t)$ und $f(t)$ abgeleitet werden können:

$$\Phi(t) = \frac{1}{\sqrt{2\pi}} \int_{-\infty}^{t} e^{-\frac{t^2}{2}} \, dt,$$

$$\varphi(t) = \frac{1}{\sqrt{2\pi}} e^{-\frac{t^2}{2}}.$$

Die entsprechenden numerischen Werte sind in Tabelle 2 des Anhangs gegeben.

Die Dichtefunktion $\varphi(t)$ hat grafisch folgendes Bild:

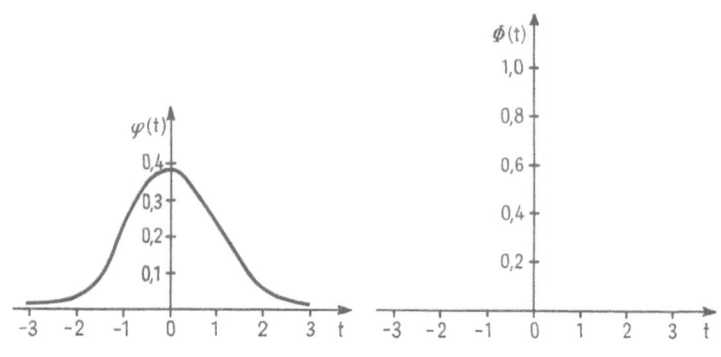

Abb. 13

Zeichnen Sie mit Hilfe der Spalte 3 in der Tabelle 2 selbst die Verteilungsfunktion neben die Dichtefunktion!

Lesen Sie aus der Zeichnung ab, welche Eigenschaften die normierte Normalverteilung beziehungsweise die normierte, normalverteilte Zufallsgröße X besitzt!

1. X ist diskret/stetig
2. φ (t) ist symmetrisch/asymmetrisch
3. φ (t) hat ein Maximum bei ...

Unterstreichen Sie die richtige Antwort!

- Überprüfen Sie Ihre Entscheidungen bei Ziffer 121!

Eine normierte, normalverteilte Zufallsgröße X hat folgende Eigenschaften:

121

1. X ist stetig.
2. Die Dichtefunktion φ (t) ist symmetrisch mit
3. einem Maximum bei $t = \bar{X} = 0$.
4. Die Dichtefunktion hat die Gestalt einer Glockenkurve.
5. Sie nähert sich für $t = -\infty$ und $t = +\infty$ asymptotisch der t-Achse ($\varphi(-\infty) = \varphi(+\infty) = 0$).
6. φ (t) besitzt für $t = +1$ und $t = -1$ Wendepunkte.

Beantworten wir nun mit Hilfe der Tabelle 2 einige Fragen:

Wie groß ist die Wahrscheinlichkeit, daß

1. $t \leq 0$? P = ...
2. $t \leq 2$? P = ...
3. $t \leq -1$ P = ...
4. $-1 \leq t \leq 1$ P = ...
5. $-3 \leq t \leq 3$ P = ...
6. $-2 \leq t \leq 2$ P = ...

Können Sie diese Fragen nicht beantworten, lesen Sie bitte die Ziffer 77 ff. noch einmal durch!
Haben Sie die Antworten gefunden, beantworten Sie bitte noch folgende Fragen:

■ Ist für Frage 6 die von Ihnen berechnete Wahrscheinlichkeit

- < 0? Dann lesen Sie bitte in Ziffer 122 weiter!
- > 0 aber < 0,95? Dann lesen Sie bitte in Ziffer 123 weiter!
- > 0,95 aber < 0,97? Dann lesen Sie bitte in Ziffer 124 weiter!
- > 0,97 aber < 0,99? Dann lesen Sie bitte in Ziffer 125 weiter!
- > 0,99? Dann lesen Sie bitte in Ziffer 123 weiter!
- Haben Sie die Ziffer 74 ff. durchgelesen und finden Sie trotzdem nicht den Lösungsweg, dann schlagen Sie Ziffer 126 auf.

---

122 Sie meinen P(t), die Wahrscheinlichkeit (!) für eine zufällige Größe, kann negativ sein?

Wir wollen hoffen, daß Sie diese Ziffer unüberlegt gewählt haben, sonst lesen Sie bitte bei Ziffer 68 beginnend die letzten Abschnitte noch einmal durch.

- Suchen Sie in Ziffer 121 eine andere Antwort!

Die Antwort ist falsch. Überprüfen Sie bitte noch einmal die Berechnung!

123

- Finden Sie kein anderes Ergebnis, dann lesen Sie bitte die ausführlichen Erläuterungen in Ziffer 126!

Sie haben die richtige Antwort gefunden.

124

Zum Vergleich seien die Ergebnisse der Aufgaben 4 bis 6 angegeben:

4. $\Phi(-1 \leq t \leq 1) = 0,6827$
5. $\Phi(-3 \leq t \leq 3) = 0,9973$
6. $\Phi(-2 \leq t \leq 2) = 0,9545$

Damit haben wir eine wichtige Erkenntnis gewonnen:

      68 Prozent aller Werte liegen bei der normierten Normalverteilung im Intervall von −1 bis +1,
      95 Prozent im Intervall von −2 bis +2 und
über 99 Prozent im Intervall von −3 bis +3.

Das ist grafisch in der folgenden Abbildung für $-2 \leq t \leq 2$ dargestellt:

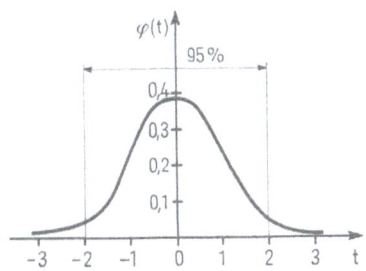

Zeichnen Sie für die Intervalle $-1 \leq t \leq 1$, $-3 \leq t \leq 3$, $-4 \leq t \leq 4$ die zugehörigen Prozentzahlen ein!

Wenn wir eine normalverteilte Zufallsgröße haben mit $\bar{X} = 0$ und $\sigma = 1$, wissen wir, daß mit einer Wahrscheinlichkeit von $\approx 0,68$ die Zufallsgröße Werte zwischen -1σ und $+1\sigma$ annimmt.

Wenn wir einen Versuch 100 mal realisieren, bei dem die Zufallsgröße obige Bedingungen erfüllt, werden wir durchschnittlich 68 Realisierungen im Intervall von -1 bis $+1$ und 32 Realisierungen außerhalb dieses Intervalls haben.

■ Überlegen Sie bitte diese Zusammenhänge für die anderen Intervalle!

Diese Erkenntnisse werden wir später noch anwenden.
Nun gibt es aber außerordentlich wenig Beispiele, bei denen $\bar{X} = 0$ und $\sigma = 1$ ist.

Ist es Ihrer Meinung nach möglich, daß jede normalverteilte Größe mit beliebigem $\bar{X}$ und beliebigen σ auf die Normalverteilung mit $\bar{X} = 0$ und $\sigma = 1$ zurückgeführt werden kann?

● Nein? Schlagen Sie Ziffer 127 auf!
● Ja? Schlagen Sie Ziffer 128 auf!

125

Sie haben doch nicht etwa gerechnet
$\Phi(2) = 0,9772$ ist die gesuchte Wahrscheinlichkeit.

Bedenken Sie bitte, $\Phi(2)$ ist die Summation aller Wahrscheinlichkeiten von $-\infty$ bis $+2$. Gefordert war aber, die Wahrscheinlichkeiten von -2 bis $+2$ zu bestimmen.

■ Zeichnen Sie bitte in die Abbildung von $\varphi(t)$ in Ziffer 120 das zu Aufgabe 6 gehörende Wahrscheinlichkeitsintervall ein!

● Vielleicht finden Sie dann in Ziffer 121 die richtige Antwort. Sonst lesen Sie bitte bei Ziffer 126 die ausführlichen Erläuterungen!

Bitte erinnern Sie sich der Einführung der Verteilungsfunktion bei Ziffer 74.

Es war F(x) = P(X< x), das heißt, es wurde die Wahrscheinlichkeit gesucht, mit der die Zufallsgröße X die Werte zwischen $-\infty$ und x annimmt.

Für die Normalverteilung schreiben wir Φ (t) statt F(x). Φ (t) bedeutet aber:

Φ (t) = P(X< t).

Wir wissen jetzt, daß die Normalverteilung die Grundlage zur Berechnun der Wahrscheinlichkeitswerte ist. Die Verteilungsfunktion haben wir grafisch schon dargestellt, numerisch sind die Werte in Tabelle 2 gegeben.

Zum Beispiel ist dort Φ (0) = 0,5 angegeben. Das bedeutet für die Dichtefunktion, daß links und rechts von t = 0 die gleiche Wahrscheinlichkeitsmasse verteilt ist. Wir hätten aber auch gar nicht die Tafel aufzuschlagen brauchen, da die Symmetrie der Verteilung mit der Symmetrieachse t = 0 dies ebenfalls besagt.

Wie groß ist nun die Wahrscheinlichkeit für t ≤ 2 ? Φ (2) = ... ! Das ist einfach. Ebenso einfach kann Φ (–1) abgelesen werden. Die Aufgabe 4, 5 und 6 erfordern auch nicht mehr Arbeit. Sehen wir uns das an der Abbildung 15 an:

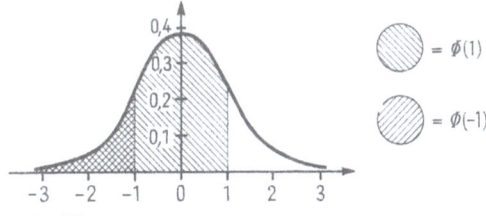

Abb. 15

Was müssen wir durchführen, um Φ (–1 ≤ t ≤ +1) zu erhalten? Also Φ (1) – Φ (–1) = ...

● Nun können Sie bestimmt bei Ziffer 121 die richtige Antwort finden.

127 Sie sind der Meinung, daß eine solche Verlegung von $\bar{X}$ in den Nullpunkt des Koordinatensystems nicht geht? Daß für $\bar{X}$ diese Möglichkeit besteht, soll an einem Beispiel erläutert werden, aus dem Sie dann die Allgemeingültigkeit der Behauptung erkennen können.

Unser Leichtathlet von Ziffer 78 stößt die Kugel im Durchschnitt 16 m weit. Also ist $\bar{X}$ = 16. Wenn wir aber nun sagen, daß der Leichtathlet am Punkt –16 steht und die Kugel nach dem Punkt 0 stößt, dann haben wir nur ein anderes Bezugssystem gewählt.

Abb. 16

Wir betrachten die Entfernungen nicht mehr relativ vom Kugelstoßer, sondern relativ von $\bar{X}$ = 0. (Das ist nebenbei schon "spezielle" Relativitätstheorie). Daß wir also $\bar{X}$ immer in den Nullpunkt des Bezugssystems verlegen können, dürfte nun klar sein.

Wie ist es aber mit σ?

Bleiben wir auch hier beim Beispiel mit dem Kugelstoßer. Wir messen die Entfernung in Metern. Als 1795 in Paris das Urmeter als der vierzigmillionste Teil eines Erdmeridians festgelegt wurde, da war das eine willkürliche Festlegung. Es gibt noch sehr viele andere Längenmaße (zum Beispiel Fuß, Elle usw.). Wir brauchen nun ein Maß, bei dem σ = 1 ist. Wir müssen also die Abweichungen vom Erwartungswert $\bar{X}$ in einem anderen Maß messen. Daß so etwas möglich ist (zum Beispiel können ja auch die Yard-Angaben im Sport in Metern ausgedrückt werden), haben wir eben zu verdeutlichen versucht.

● Wie das gemacht wird, lesen Sie in Ziffer 128.

Ja, es ist möglich, jede beliebige Normalverteilung mit einer Transformation auf die normierte Normalverteilung zurückzuführen. Dies geschieht mit der Transformation

128

$$t = \frac{x - \bar{X}}{\sigma}.$$

Diese Transformation bewirkt, daß eine beliebige Normalverteilungsfunktion F(x) in Φ (t) übergeht.

Verdeutlichen wir dies an einem Beispiel. Wir wollen annehmen, ein Leichtathlet stoße die Kugel normalverteilt mit $\bar{X} = 16$ und $\sigma = 1,6$. Wir wenden auf diese Werte unsere Transformation an und erhalten:

$$t = \frac{x - 16}{1,6}$$

Die Abszissenachse wird mit Hilfe dieser Formel so transformiert, daß $\bar{X} = 0$ wird und wir in Einheiten der Streuung die Abweichungen von $\bar{X} = 0$ messen. Damit erhalten wir folgende Transformationsgerade:

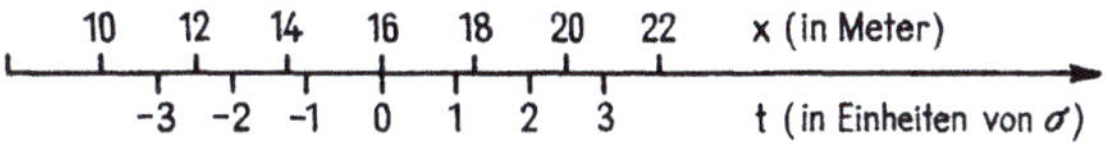

```
   10   12   14   16   18   20   22     x (in Meter)
   |----|----|----|----|----|----|---->
        -3   -2   -1    0    1    2    3    t (in Einheiten von σ)
```
Abb. 17

Angenommen unsere Voraussetzungen (Normalverteilung, $\bar{X} = 16$, $\sigma = 1,6$) stimmen, wie groß ist dann die Wahrscheinlichkeit, daß er über 20 m stößt?

- P = 0,0124? Dann lesen Sie Ziffer 129!
- P = 0,0062? Dann lesen Sie Ziffer 130!
- P = 0,9938? Dann schlagen Sie Ziffer 131 auf!
- Haben Sie ein anderes Ergebnis, oder wollen Sie nähere Erläuterungen lesen, dann schlagen Sie Ziffer 132 auf!

129 Sie haben etwas zuviel des Guten getan.

Wir suchen die Wahrscheinlichkeit für P(X > 20). Doch wird es für Sie nun nicht schwierig sein, diese Wahrscheinlichkeit richtig zu finden.

● Wählen Sie in Ziffer 128 eine andere Antwort!

---

130 Sie haben richtig gerechnet.

Als Ergebnis erhalten wir eine verschwindend geringe Wahrscheinlichkeit, daß unser Sportler die Kugel in Weltrekordnähe stößt.
Kennt man von einer Zufallsgröße $\bar{X}$ und σ und weiß, daß die Zufallsgröße normalverteilt ist, dann kann man entsprechend der Zeichnung bei Ziffer 124 von dieser Zufallsgröße behaupten:

Mit einer Wahrscheinlichkeit von $\approx 68,3$ Prozent fällt das zugehörige zufällige Ereignis in den Bereich zwischen $\bar{X} - 1\sigma$ und $\bar{X} + 1\sigma$, mit $\approx 95,4$ Prozent in den Bereich zwischen $\bar{X} - 2\sigma$ und $\bar{X} + 2\sigma$ und mit $\approx 99,7$ Prozent in den Bereich zwischen $\bar{X} - 3\sigma$ und $\bar{X} + 3\sigma$.

■ Mit einer Wahrscheinlichkeit von $\approx \frac{2}{3}$ stößt unser Sportler die Kugel in den Bereich zwischen ... m und ... m.

Wir folgern:

Bei einer normalverteilten Zufallsgröße X wird sich diese Zufallsgröße mit hoher Wahrscheinlichkeit, also praktisch sicher, nicht mehr als 3σ vom Erwartungswert unterscheiden.
Dies wird als "3σ-Regel" bezeichnet. Das durch $\bar{X} + 3\sigma$ und $\bar{X} - 3\sigma$ abgesteckte Intervall wird als zugehöriges Sicherheitsintervall bezeichnet.

Die 3 σ-Regel hat vor allem für die statistische Qualitätskontrolle eine große Bedeutung. In welcher Weise man diese Regel anwenden kann, soll uns die folgende Aufgabe zeigen.

Mit einem Schiff sind 500 Bündel Bananen angekommen. Während der Reise verdirbt erfahrungsgemäß ein Teil der Früchte. Man weiß, daß durchschnittlich 5 Prozent der Bananenbündel verderben und daß $\sigma = 1$ Prozent ist.

> Ist es nun möglich, mit Hilfe der 3 σ-Regel festzustellen, wieviel Bündel minimal und wieviel Bündel maximal aussortiert werden müssen?

- Ja? Dann schlagen Sie bitte Ziffer 133 auf!
- Nein? Dann schlagen Sie bitte Ziffer 134 auf!

131

Sind Sie wirklich der Meinung, daß ein Mittelklasseathlet die Möglichkeit hat, mit einer solch hohen Wahrscheinlichkeit Rekordweiten zu stoßen?

Sie haben fast richtig gerechnet. Überlegen Sie bitte mit Hilfe der Zeichnung in Ziffer 128, welche Wahrscheinlichkeit Sie ausgerechnet haben. Sie werden Ihren kleinen Fehler selbst finden können.

- Dann wählen Sie in Ziffer 128 die richtige Antwort!

132 Sehen wir uns zuerst die Abbildung 17 an. x = 20 liegt zwischen t = 2σ und t = 3σ. Die gesuchte Wahrscheinlichkeit liegt also zwischen $1 - \Phi(2)$ und $1 - \Phi(3)$. (Nicht vergessen, wir suchen die Wahrscheinlichkeit, daß über 20 m gestoßen wird, vergleichen Sie dazu auch Abbildung 4.)

Es ist $1 - \Phi(2) = 0,0228$ und $1 - \Phi(3) = 0,0014$. Damit ist die Größenordnung der Wahrscheinlichkeit bestimmt.

Nun wenden wir die Transformation $t = \dfrac{x - \bar{X}}{\sigma}$ an.

Es sind $\bar{X} = 16$,
$\sigma = 1,6$ und
$x = 20$.

Damit ergibt sich: $t = \dfrac{20 - 16}{1,6} = 2,5$.

Wir suchen $\Phi(2,5) = 0,9938$ auf.

- Wenn Sie zu diesem Wert die Komplementärwahrscheinlichkeit bilden, finden Sie auch bei Ziffer 128 das richtige Ergebnis.

---

133 Sie haben nur bedingt recht.

In der Praxis wird zwar meist nur mit diesen Angaben gerechnet. Jedoch ist eine Voraussetzung in den bisherigen Angaben der Aufgabe nicht enthalten.

> Lesen Sie bitte den Aufgabentext in Ziffer 130 noch einmal durch und prüfen Sie, welche Voraussetzungen für die Anwendung der 3σ-Regel notwendig und welche davon im Aufgabentext nicht erwähnt sind!

- Lesen Sie danach bei Ziffer 134 weiter!

134

Sie haben den Text aufmerksam durchgelesen und festgestellt, daß eine Voraussetzung für die Anwendung der 3σ-Regel, eine Normalverteilung. nicht erwähnt ist.

Voraussetzung für die exakte Anwendung der 3σ-Regel ist eine normalverteilte Zufallsgröße.

In der Praxis wird jedoch diese Regel oft auch angewandt, wenn eine Normalverteilung nur vermutet wird aber nicht nachgewiesen ist.

Doch rechnen wir nun unsere Aufgabe zu Ende. Wir wollen zusätzlich noch voraussetzen, daß in unseren Bananenbeispiel eine Normalverteilung vorliegt.

■ Wieviel Bananenbündel sind maximal und wieviel minimal auszusondern?

- Maximal 30; minimal 20? Bitte lesen Sie Ziffer 135!
- Maximal 40; minimal 10? Bitte lesen Sie Ziffer 136!
- Die ausführliche Erläuterung der Aufgabe finden Sie bei Ziffer 137!

135 Sie haben nicht ganz richtig gerechnet.

Es ist $\bar{X} = n \cdot p = 500 \cdot 0,05 = 25$.
Weiter ist $\sigma = 500 \cdot 0,01 = 5$.
Also ist $\bar{X} + 1\sigma = 30$ beziehungsweise $\bar{X} - 1\sigma = 20$.

In diesem Intervall liegen ≈ 68 Prozent aller Werte, nicht aber über 99 Prozent, wie das für die 3σ-Regel gilt.

- Bitte überprüfen Sie Ihre Rechnung und wählen Sie bei Ziffer 134 die richtige Antwort!

---

136 Richtig!

Es ist $\bar{X} = n \cdot p = 500 \cdot 0,05 = 25$
und $\sigma = 500 \cdot 0,01 = 5$.

Also werden mit einer Sicherheit von 99 Prozent zwischen $\bar{X} - 3\sigma = 10$ und $\bar{X} + 3\sigma = 40$ Bananenbündel ausgesondert.

Beschäftigen wir uns nun mit der Bestimmung von Wahrscheinlichkeitsintervallen, wenn eine Normalverteilung für unsere Zufallsgröße nicht vorausgesetzt werden kann. Dazu benutzt man die Tschebyschewsche Ungleichung.

Die Tschebyschewsche Ungleichung lautet:
$$P(|X - \bar{X}| > t\sigma) < \frac{1}{t^2}$$

In Worten: Die Wahrscheinlichkeit, daß die Zufallsgröße X um mehr als $t \cdot \sigma$ vom Mittelwert $\bar{X}$ entfernt ist, ist kleiner als $\frac{1}{t^2}$. t wird in der Regel 2, 3 oder 4 gesetzt. Erläutern wir das am Beispiel von Ziffer 130. Wir setzen t = 3. Es war $\bar{X}$ = 25 und σ = 5. Es ergibt sich

$$P(|X - 25| > 3 \cdot 5) < \frac{1}{3^2}$$

$$P(|X - 25| > 15) < \frac{1}{9} \approx 0,11$$

Mit einer Wahrscheinlichkeit von höchstens 0,11 würden also die Grenzen von X = 40 beziehungsweise X = 10 auszusortierenden Bündeln überschritten.

■ Bitte rechnen Sie die zu den t-Werten 1, 2, 3 und 4 gehörende Wahrscheinlichkeit aus und vergleichen Sie diese Werte.

Mit welcher Wahrscheinlichkeit wird X im Intervall von $\bar{X} - t\sigma$ bis $\bar{X} + t\sigma$ realisiert (auf 2 Stellen genau)	t 1	t 2	t 3	t 4
1. nach Tschebyschew (ohne Voraussetzung einer bestimmten Verteilung			0,89	
2. bei Voraussetzung der Normalverteilung			0,99	
3. Zugehörige Intervalle für unser Bananenbeispiel von minimal			10	
bis maximal			40	

■ Überlegen Sie bitte die Schlußfolgerungen aus diesem Vergleich!

● Bitte schlagen Sie Ziffer 138 auf!

137

Wir wollen einmal gemeinsam versuchen, die Aufgabe zu lösen.

Die Wahrscheinlichkeit, ein Bananenbündel auszusondern, war mit 5 Prozent, also P = 0,05, angegeben worden.

Demnach ist $n \cdot p = \bar{X} = 500 \cdot 0,05 = 25$.

Weiter war gesagt worden, daß nach Erfahrungswerten σ = 1 Prozent ist. Es ist also auf n = 500 umgerechnet

$\sigma = 5$
$3\sigma = 15.$

Demnach sind die 3σ Grenzen:

Obere Grenze: $\bar{X} + 3\sigma = 25 + 15 = 40$
Untere Grenze: $\bar{X} - 3\sigma = 25 - 15 = 10$

Im ungünstigsten Fall sind folglich 40 Bündel auszusondern, keinesfalls mehr; im günstigsten Fall sind 10 Bündel auszusondern.

● Lesen Sie bei Ziffer 136 weiter!

Aus dem Schema können wir folgende Schlußfolgerungen ziehen: **138**

1. Bei Vorliegen einer Normalverteilung ist eine viel genauere Abschätzung der Sicherheitsintervalle möglich als bei fehlender Aussage über die zugrunde liegende Verteilung.
2. Für t = 1 liefert die Tschebyschewsche Ungleichung keine Aussage. (Daß p < 1 ist, gilt für alle Wahrscheinlichkeiten.)

Zeichnen Sie in die untenstehende Zeichnung die Wahrscheinlichkeitsintervalle ein!

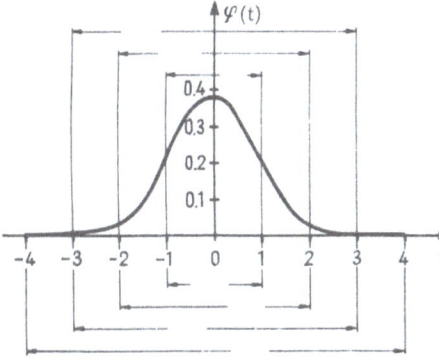

Sicherheitsintervalle bei Normalverteilung

Sicherheitsintervalle ohne Vorgabe einer Verteilung (Tschebyschew)

Abb. 18 Sicherheitsintervalle

Die hier angedeutete Bestimmung von Sicherheitsintervallen, das Feststellen einer maximalen und minimalen Anzahl fehlerhafter Stücke, aber auch die Bestimmung von Mittelwerten und Streuung aus empirischem Material sind Gegenstand der mathematischen Statistik, die mit der Wahrscheinlichkeitsrechnung sehr nahe verwandt ist. Wir werden dieses Gebiet wieder verlassen. Als Einführung in die mathematische Statistik ist unter anderem (2) aus dem Literaturverzeichnis zu empfehlen.

131 Wir wenden uns nun einer weiteren Anwendung der Normalverteilung zu.

Es soll jetzt mit Hilfe der Normalverteilung eine Näherungslösung für die Binomialverteilung berechnet werden. Diese Verbindung zwischen Binomialverteilung und Normalverteilung wird durch den Grenzwertsatz von Moivre-Laplace hergestellt.

Der Grenzwertsatz von Moivre-Laplace lautet:
Für eine binomialverteilte Zufallsgröße gilt

$$P(k) = \sum_{k \leq x} \binom{n}{k} p^k q^{n-k} \approx \frac{1}{\sqrt{2\pi n \cdot p \cdot q}} \int_{-\infty}^{x} e^{-\frac{(x-np)^2}{2n \cdot p \cdot q}} dx$$

$$= \frac{1}{\sqrt{2\pi}\sigma} \int_{-\infty}^{X} e^{-\frac{(x-\bar{X})^2}{2\sigma^2}} dx = \Phi\left(\frac{x-\bar{X}}{\sigma}\right)$$

für $n \to \infty$

das heißt, für großes n kann die Binomialverteilung durch die Normalverteilung ersetzt werden.

Erläutern wir diesen Grenzwertsatz an einem Beispiel.
Es sei p = 0,75, n = 30. Gesucht ist

$$\sum_{k \leq 18} P_{30}(k) = \ldots\ldots$$

Versuchen Sie diese Wahrscheinlichkeit auszurechnen!
Verdeutlichen Sie sich die Aufgabenstellung am Beispiel von Ziffer 48 beziehungsweise 52!

● Die Lösung finden Sie in Ziffer 139!

Wir rechnen aus:
$\sigma^2 = n \cdot p \cdot q = 30 \cdot 0,75 \cdot 0,25 \approx 5,62$
$\bar{X} = n \cdot p = 30 \cdot 0,75 = 22,5$

Das sind die beiden charakteristischen Größen der Binomialverteilung. Darauf wenden wir die Transformation der Normalverteilung an:

$$t = \frac{18 - 22,50}{\sqrt{5,62}} = \frac{-4,50}{2,35} = -1,92$$

Es ist $\Phi(-1,92) \approx 0,027$ (Siehe Tabelle 2 im Anhang)

Häufiger gebraucht wird folgende Beziehung, die man aus dem Grenzwertsatz direkt ableiten kann:

Es ist

$$P_n(k) = \binom{n}{k} p^k q^{n-k} \approx \frac{1}{\sqrt{2\pi n \cdot p \cdot q}} \, e^{-\frac{(k-np)^2}{2n \cdot p \cdot q}}$$

$$= \frac{1}{\sigma} \cdot \frac{1}{\sqrt{2\pi}} \, e^{-\frac{(k-\bar{X})^2}{2\sigma^2}} = \frac{\varphi\left(\frac{k-\bar{X}}{\sigma}\right)}{\sigma},$$

das heißt, $P_n(k) = \dfrac{\varphi\left(\frac{k-\bar{X}}{\sigma}\right)}{\sigma}$;

dabei gelten dieselben Voraussetzungen wie beim Grenzwertsatz.

Also n .....
Berechnen wir nun gemeinsam $P_{30}(18)$ wieder für $p = 0,75$.
Es war

$$t = \frac{18 - 22,5}{\sqrt{5,62}} = -1,92$$

Demnach ist $P_{30}(18) = \varphi(-1,92) : \sigma = 0,0632 : 2,35 = 0,027$.

> Berechnen Sie auf 3 Stellen genau dieselbe Wahrscheinlichkeit nach der Poissonverteilung und der Binomialverteilung!
> Es ist $p(k) = \ldots$ nach der Poissonverteilung
> und $p(k) = \ldots$ nach der Binomialverteilung.

> Die Unterschiede können ..... (vernachlässigt / nicht vernachlässigt) werden.
> Die Anwendung des Grenzwertsatzes von Moivre-Laplace liefert also eine ..... (gut / befriedigende / schlechte) Näherungslösung für die gesuchte Wahrscheinlichkeit.

Wir werden jetzt nachprüfen, ob für unser Wetterbeispiel der Grenzwertsatz von Moivre-Laplace anwendbar ist.
Es war $p = \frac{5}{6}$, $n = 14$, $k = 10$.

> Prüfen Sie, ob auch für $n = 14$ eine gute Näherungslösung mit dem Grenzwertsatz gefunden wird!

- Ist $p(k) = 0,140$? Dann lesen Sie Ziffer 140!
- $p(k) = 0,115$? Dann schlagen Sie Ziffer 141 auf!
- Ausführliche Erläuterungen sind in Ziffer 142.

---

140 Sie haben richtig gerechnet.

Es ist $t = \frac{10 - 11,67}{1,39} = -1,20$ und damit ergibt sich das angeführte Ergebnis. Der Wert bei Benutzung der Binomialverteilung lautet $p_{14}(10) \approx 0,125$. Damit haben wir eine wenig befriedigende Lösung gefunden.

Man rechnet meist, daß erst ab $n = 30$ eine befriedigende Übereinstimmung zwischen Binomialverteilung und dem Näherungswert nach der Normalverteilung besteht bei sehr unsymmetrischen Verteilungen.

Damit wollen wir die Ausführungen über die Normalverteilung beenden und noch einige stetige Verteilungsfunktionen erwähnen.
Zuerst sei die Betaverteilung genannt.

Die Betaverteilung ist eine stetige, in der Regel unsymmetrische, endliche Verteilung mit folgendem Bild der Dichtefunktion:

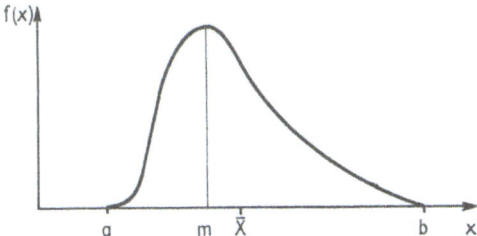

Abb. 19 Betaverteilung (Dichtefunktion)

Die Betaverteilung hat eine etwas komplizierte formelmäßige Darstellung, so daß nur das Kurvenbild gezeigt werden soll. Für die Planungsmethode PERT spielt die Betaverteilung eine wichtige Rolle. Ausführliche Erläuterungen über die Betaverteilung und PERT sind in [10] des Literaturverzeichnisses enthalten.

Bei PERT werden durch spezielle Annahmen aus a (untere Grenze der Verteilung), b (obere Grenze der Verteilung) und m (Maximalwert der Verteilung) die charakteristischen Größen nach folgender Formel berechnet:

$$\bar{X} = \frac{a + 4m + b}{6} \quad \text{und} \quad \sigma = \frac{b - a}{6}.$$

Als letzte Verteilung wollen wir noch die Exponentialverteilung erwähnen.

● Schlagen Sie bitte dazu Ziffer 143 auf!

141

Die Lösung ist falsch.

Bitte überprüfen Sie:

$\sigma^2 = 14 \cdot \frac{5}{6} \cdot \frac{1}{6}$, also ist $\sigma = \ldots$

$\bar{X} = 14 \cdot \frac{5}{6} = \ldots$

● Versuchen Sie nun, in Ziffer 139 die richtige Antwort zu finden!

142

Wir wissen: $\sigma^2 = n \cdot p \cdot q = 14 \cdot \frac{5}{6} \cdot \frac{1}{6} = 1,94$.

Also ist $\sigma = \sqrt{1,94} = 1,39$.
Es ist $\bar{X} = n \cdot p = 11,67$.
Dann ist $t = \frac{k - \bar{X}}{\sigma} = \frac{10 - 11,67}{1,39} = -1,20$.

Aus Tabelle 2 des Anhangs lesen wir ab:
$\varphi(-1,20) = \varphi(1,20) = 0,194$.
Also ist $P_{14}(10) \approx \varphi(1,20) : \sigma = 0,194 : 1,39 = 0,140$.

● Lesen Sie bitte weiter bei Ziffer 140!

Die Exponentialverteilung ist eine stetige Verteilung.
Die Zufallsgröße X hat die Dichte:

$$f(x) = \begin{cases} 0 & \text{für } x < 0 \\ \alpha e^{-\alpha x} & \text{für } x \geq 0 \end{cases}$$

und damit haben wir die Verteilungsfunktion:

$$F(x) = \int_{-\infty}^{x} f(t)dt = \begin{cases} 0 & \text{für } x < 0 \\ 1-e^{-\alpha x} & \text{für } x \geq 0 \end{cases}$$

Die Exponentialverteilung hat ... Parameter. Für $\alpha = 2$ ergibt sich folgende Kurve:

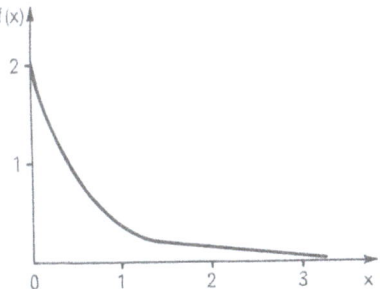

Abb. 20 Exponentialverteilung (Dichtefunktion für $\alpha = 2$)

Für die Exponentialverteilung sind

$$\bar{X} = \frac{1}{\alpha} \text{ und}$$

$$\sigma = \frac{1}{\alpha},$$

wie man durch partielle Integration beweisen kann.

Die Exponentialverteilung kann zum Beispiel auf folgende Zufallsprozesse angewendet werden:

- Dauer der Bedienungsstörungen bei Maschinen,
- Dauer von Telefongesprächen,
- Wartezeiten in der Warteschlangentheorie und
- Höhe der Schadensfälle bei Versicherungen.

Berechnen wir dazu ein Beispiel. Die erforderliche Reparaturzeit T (in Stunden) von Kraftfahrzeugen ist nach Erfahrung exponentiell verteilt. Der Parameter wurde für solche Reparaturen bestimmt als $\alpha = 0,25$. Wie groß ist die Wahrscheinlichkeit dafür, daß die Reparaturzeit für ein Kraftfahrzeug höchstens 6 Stunden beträgt? Wieviel Stunden werden durchschnittlich gebraucht?

Zuerst rechnen wir aus, wie hoch $\bar{X}$ ist.
Es ist $\bar{X} = \dfrac{1}{\alpha} = 4$

Dann wird gesucht:
$$P(T < 6) = F(6) = 1 - e^{-0,25 \cdot 6} = 1 - 0,223 = 0,777$$

Bitte berechnen Sie die Wahrscheinlichkeit, daß unter obigen Voraussetzungen Ihr Auto schon in 2 Stunden repariert ist!
Es ist $P(T < 2) = \ldots$

● Lesen Sie bitte bei Ziffer 144 weiter!

Sie erhalten Ihr Auto mit einer Wahrscheinlichkeit von $P \approx 0{,}39$ in 2 Stunden zurück, selbstverständlich nur, wenn mit der Reparatur sofort begonnen wird. Das ist jedoch eine Annahme, die sehr oft nicht den Gegebenheiten entspricht.

Versuchen wir nun, uns einen abschließenden Überblick über die Verteilungsfunktionen zu verschaffen:

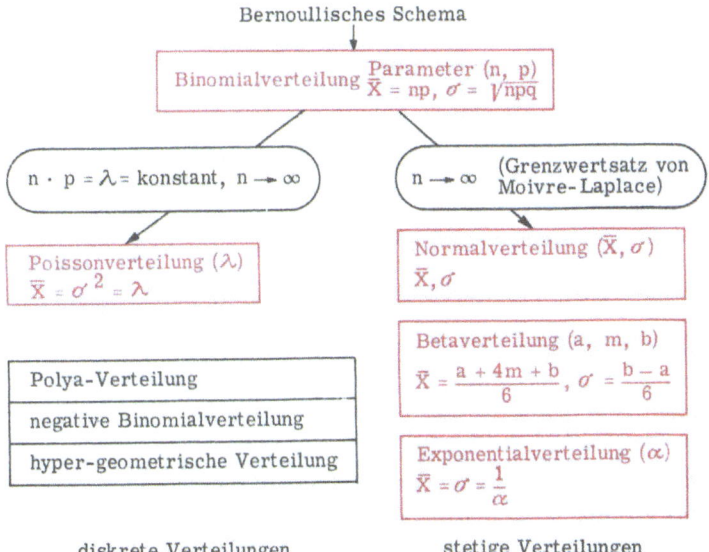

Hinter dem Namen der Verteilung sind jeweils die Parameter in Klammern angegeben, die Formeln für $\bar{X}$ und σ stehen im Kästchen unter dem Namen der Verteilung. Die Bedingungen für den Übergang von der Binomialverteilung zur Poisson- beziehungsweise Normalverteilung sind angegeben. Behandelte Verteilungen sind rot die anderen schwarz umrandet.

▍ Zeichnen Sie unter Vorgabe der Parameter nach Ihrem eigenen Ermessen die behandelten 5 Verteilungen in einer Skizze auf!

Zum Schluß unserer Einführung in die Wahrscheinlichkeitsrechnung wollen wir noch das Gesetz der großen Zahl erwähnen.

● Schlagen Sie dazu Ziffer 145 auf!

145 Das Gesetz der großen Zahlen wurde von J. Bernoulli (1654-1705) formuliert. Es lautet:

Die Wahrscheinlichkeit, daß die relative Häufigkeit eines Ereignisses A um mehr als eine beliebig vorgegebene Größe ε (>0) von der Wahrscheinlichkeit des Ereignisses P(A) abweicht, wird beliebig klein, wenn die Anzahl der Versuche sehr groß ist.

Es ist also:

$$h_{rel}(A) \rightarrow P(A) \quad \text{für } n \rightarrow \infty$$

Oder mit anderen Worten:

Mit einer beliebig nahe bei 1 liegenden Wahrscheinlichkeit ist zu erwarten, daß bei einer hinreichend großen Anzahl von Versuchen die relative Häufigkeit des Ereignisses A sich beliebig wenig von P(A) unterscheidet.

Als empirisches Ergebnis hatten wir dies schon aus den Versuchen von Pearson erkannt (Ziffer 25).

Der Beweis kann mit Hilfe des Satzes von Moivre-Laplace erfolgen.

Verdeutlichen wir uns diesen Satz an den Geburtenhäufigkeiten. Statistisch wurde festgestellt, daß auf 106 Knabengeburten 100 Mädchengeburten kommen. Die Wahrscheinlichkeit für eine Knabengeburt konnte bisher nur statistisch bestimmt werden.

Durch das Gesetz der großen Zahl wird nun aber behauptet, daß bei Untersuchung einer genügend großen Anzahl von Geburten die genannte Wahrscheinlichkeit auf viele Dezimalen genau bestimmt werden kann. Wie genau man die Wahrscheinlichkeit zum Beispiel bei Untersuchung von 100, 1 000 oder 1 Million Geburten errechnen kann, untersucht die Stichprobentheorie.

Damit soll nun der kurze Ausflug in die Wahrscheinlichkeitsrechnung beendet sein.

● Lesen Sie bitte noch Ziffer 146!

146

Die jetzt folgenden Aufgaben sollen den erworbenen Stoff festigen helfen.

Die Ziffern am Rande geben eine Punktzahl des Schwierigkeitsgrades (1 = sehr leicht; 5 = schwierig) an. Bei sehr schwierigen Aufgaben sind in der Regel nur die Lösungen kommentarlos angegeben, da müssen Sie etwas knobeln.

Falls erforderlich, finden Sie auf Seite 147 Lösungshinweise. Die Lösungen selbst stehen auf Seite 150. Wenn Sie die Aufgaben selbständig gelöst haben, tragen Sie in das Prüfungsschema auf Seite 153 die volle Punktzahl ein; benötigten Sie die Lösungshinweise, dann tragen Sie nur die halbe Punktzahl ein!

Die Antworten sind meist schwieriger zu finden als bei den Aufgabenkomplexen. Nehmen Sie sich ruhig ein oder mehrere Stunden Zeit dazu, und schauen Sie nicht sofort nach den Lösungen oder den Lösungshinweisen.

Und nun viel Erfolg beim Lösen!

Testaufgaben

AUFGABE 1 (2)

In einer Familie mit 4 Kindern sind 2 Sonntagskinder.
Wie groß ist für ein solches Ereignis die Wahrscheinlichkeit?

Schätzung: P = ...
Ergebnis: P = ...

AUFGABE 2 (5)

n Männer geben an der Garderobe Ihre Hüte ab. Durch einen besonderen Umstand werden die Hüte ihren Besitzen nicht ordnungsgemäß, sondern zufällig zurückgegeben.
Wie groß ist die Wahrscheinlichkeit P(n), daß kein Mann seinen eigenen Hut bekommt?

Nebenfrage: ist P abhängig von n?
Schätzung: P = ..., n ist ..... (abhängig/unabhängig) von P.
Ergebnis: P = ..., n ist ..... (abhängig/unabhängig) von P.

AUFGABE 3

Die Wahrscheinlichkeit, daß in der Qualitätskontrolle der Prüfer ein fehlerhaftes Erzeugnis bei der Prüfung findet, beträgt 95 Prozent.
Wie oft muß geprüft werden, um mindestens 99 Prozent der fehlerhaften Erzeugnisse auszusortieren?
a) bei Unabhängigkeit der Prüfungen voneinander (2)
   Schätzung: ..... ; Ergebnis: .....
   (Die fehlerhaften Erzeugnisse werden gemerkt, vom nächsten Prüfer jedoch wieder geprüft!)
b) bei Abhängigkeit der Prüfungen (3)
   Schätzung: ..... ; Ergebnis: .....
   (nicht qualitätsgerechte Erzeugnisse werden sofort aussortiert)

c) Kann man garantieren, daß mit 100 Prozent Sicherheit alle (1)
nicht qualitätsgerechten Erzeugnisse aussortiert werden?
Lösung: .....

AUFGABE 4 (2)

Es gibt unendlich viele Primzahlen (2, 3, 5, 7, 11, 13, 17 usw.). Wie groß ist die Wahrscheinlichkeit P, daß eine zufällig ausgewählte Primzahl kleiner als 20 ist?

P = ...

AUFGABE 5 (2)

Ein vierbändiges Werk steht auf einem Regal in zufälliger Ordnung. Wie groß ist die Wahrscheinlichkeit, daß die Bände in der richtigen Reihenfolge von rechts nach links beziehungsweise von links nach rechts stehen?

AUFGABE 6 (3)

In einer Sendung aus N Einzelteilen seien M fehlerhafte Stücke. Zufällig werden aus dieser Sendung n Stücke herausgegriffen. Wie groß ist die Wahrscheinlichkeit P, daß unter ihnen m fehlerhafte sind?

P = ...

AUFGABE 7

Durch eine Erhebung wurde die Körpergröße aller männlichen Personen von 21 bis unter 25 Jahre für einen Bezirk gemessen.

Es ergab sich:
$\bar{X} = 1,72$ m
$\sigma = 9,4$ cm

Die Erhebung ergab weiter, daß die Körpergröße normalverteilt ist. Mit wieviel männlichen Personen der DDR von 21 bis unter 25 Jahren kann die Konfektionsindustrie als möglichen Kundenkreis rechnen?

a) Für Übergrößen (zwischen 1,90 bis unter 1,95 m). (3)
b) Für die Konfektionsgrößen zwischen 1,70 bis unter 1,75 m. (2)

In der DDR gibt es etwa 480 000 Männer im Alter von 21 bis unter 25 Jahren.

AUFGABE 8

Ein Satellit soll mit einem Relais ausgestattet werden. Das Relais funktioniert mit einer Wahrscheinlichkeit von 0,7. Es reagiert mit einer Wahrscheinlichkeit von 0,05 auch dann, wenn es nicht funktionieren soll.

a) Wie groß ist die Wahrscheinlichkeit des richtigen Funktionierens eines Relais? (3)

b) Wieviel Relais muß man mindestens einbauen, um eine maximale Wahrscheinlichkeit für das Funktionieren wenigstens eines Relais zu gewährleisten? (5)

AUFGABE 9 (2)

Wie lauten Verteilungsformel, Erwartungswert E und Streuung σ der Binomialverteilung, wenn p = q ist?

AUFGABE 10

Die Ereignisse A_1, A_2, ..., A_n seien voneinander unabhängig.
Es sei $P(A_n) = P_k$.
Wie groß ist die Wahrscheinlichkeit, daß

a) alle Ereignisse gleichzeitig eintreten, (1)
b) mindestens eines dieser Ereignisse eintritt oder (2)
c) genau eines der Ereignisse eintritt? (2)

AUFGABE 11

Sie haben zwei Streichholzschachteln. Am Anfang sind 50 Streichhölzer in jeder Schachtel. Jedesmal, wenn Sie sich ein Streichholz anzünden wollen, wählen Sie zufällig eine der beiden Schachteln.

Wie groß ist die Wahrscheinlichkeit P,

a) daß eine der Schachteln noch unbenutzt ist, wenn die andere Schachtel leer ist? (2)

b) daß in einer Schachtel noch 10 Hölzer sind, wenn die andere Schachtel leer ist. (3)

Für diese Aufgabe genügt es, den Lösungsansatz aufzuschreiben.

AUFGABE 12 (4)

Ein Pfennigstück wird zehnmal geworfen. Es fällt immer mit der Zahl nach oben. Wenn unter 1 Million Pfennigstücken eines ist mit der Zahl auf beiden Seiten, wie hoch ist die Wahrscheinlichkeit P, daß auf meinem Pfennigstück zweimal die Zahl geprägt ist?

Schätzung: P = ...
Ergebnis: P = ...

AUFGABE 13 (3)

Hans sagt bei vier Aussagen dreimal die Wahrheit, Georg bei fünf Aussagen viermal. Sie sind sich einig, daß ein Ball, der aus einem Sack mit 9 Bällen gezogen worden ist, von denen jeder eine andere Farbe hat, rot sei.
Wie groß ist die Wahrscheinlichkeit, daß ihre Aussage richtig ist?

Schätzung: P = ...
Ergebnis: P = ...

AUFGABE 14 (3)

Kurt sagt in fünf Fällen viermal, Georg in fünf Fällen dreimal und Hans in sieben Fällen fünfmal die Wahrheit. Wenn Kurt und Georg sagen, daß ein Experiment fehlgeschlagen sei und Hans erzählt das Gegenteil, wie hoch ist dann die Wahrscheinlichkeit P, daß das Experiment gelungen ist?

Schätzung: P = ...
Ergebnis: P = ...

AUFGABE 15 (2)

Ein Geldbeutel enthält 5 Zweimarkstücke und 4 Einmarkstücke; ein zweiter Geldbeutel enthält 5 Zweimarkstücke und 3 Einmarkstücke. Einer der beiden Beutel wird zufällig gewählt und aus ihm eine Münze entnommen.
Wie groß ist die Wahrscheinlichkeit P, daß diese Münze ein Zweimarkstück ist?

Schätzung: P = ...
Ergebnis: P = ...

AUFGABE 16 (3)

Wenn durchschnittlich neun von zehn Schiffen nicht reparaturbedürftig in den Heimathafen einlaufen, wie groß ist dann die Wahrscheinlichkeit, daß mindestens 3 von 5 Schiffen nicht reparaturbedürftig heimkehren?

Schätzung: P = ...
Ergebnis: P = ...

AUFGABE 17

In einem Raum befinden sich r Personen.

a) Wie groß ist die Wahrscheinlichkeit, daß davon wenigstens 2 Personen am gleichen Tag Geburtstag haben?
(Das Jahr habe 365 Tage, jeder Tag sei gleichwahrscheinlich). (2)

b) Wie verändert sich diese Wahrscheinlichkeit, wenn man annimmt, daß nicht an allen Tagen gleich viel Geburten erfolgen?
Wird die Wahrscheinlichkeit größer, kleiner oder bleibt sie gleich? (3)

c) Wie verändert sich diese Wahrscheinlichkeit, wenn man den 29. Februar als Geburtstag noch zuläßt? (2)

AUFGABE 18 (4)

Die Dichtefunktion für die Ausfallwahrscheinlichkeit (x Anzahl Betriebsstunden bis zum Ausfall) einer gewissen Art von Fernsehröhren habe folgende Form:

$f(x) = 0; \quad x \leq 80$
$f(x) = 1 - 80/x; \quad x > 80$

Es wird nun ein neuer Fernsehapparat gekauft, der drei derartige Röhren enthält.
Wie groß ist die Wahrscheinlichkeit dafür, daß nach 120 Stunden alle drei Röhren noch arbeiten?

Lösungen zu den Testaufgaben

AUFGABE 1

Wenden Sie entweder das Bernoullische Schema (die Binomialverteilung) oder die Poissonverteilung an!
Es sind $p = \frac{1}{7}$, $n = 4$ und $k = 2$.

AUFGABE 2

Versuchen Sie, eine Gesetzmäßigkeit für die Kombinationsmöglichkeiten zu finden, eventuell durch Probieren.

AUFGABE 3

a) Gehen Sie von der Komplementärwahrscheinlichkeit aus!

b) Die Wahrscheinlichkeit, daß bei der ersten Prüfung ein fehlerhaftes Erzeugnis nicht gefunden wird, beträgt 0,05. Die Wahrscheinlichkeit, daß es bei der zweiten Prüfung gefunden wird, setzt sich zusammen, aus der Wahrscheinlichkeit, daß bei der ersten Prüfung der Fehler nicht gefunden wird und der Wahrscheinlichkeit, daß bei der zweiten Prüfung der Fehler gefunden wird usw.

c) Unterscheiden Sie zwischen theoretischer und praktischer Erreichung der 100prozentigen Sicherheit!

AUFGABE 4

Benutzen Sie die statistische Bestimmung der Wahrscheinlichkeit!

AUFGABE 5

Die Wahrscheinlichkeit, daß der erste Band an der ersten Stelle steht, ist $\frac{1}{4}$. Es wird das gleichzeitige Eintreten gefordert, daß der erste

Band an der ersten Stelle, der zweite Band an der zweiten Stelle usw. steht. Also muß die Multiplikationsregel angewendet werden. Beim zweiten Band haben wir eine Möglichkeit von 3, die günstig ist usw..

AUFGABE 6

Benutzen Sie die Binomialverteilung!

AUFGABE 7

Lesen Sie das Beispiel zur Normalverteilung bei Ziffer 130 durch!

AUFGABE 8

a) Es wird das gleichzeitige Eintreten zweier unabhängiger Ereignisse gefordert.

b) Knobeln Sie!

AUFGABE 9

Setzen Sie in die Formeln der Binomialverteilung für $p = q = \frac{1}{2}$ ein!

AUFGABE 10

a) Benutzen Sie den Multiplikationssatz!
b) Denken Sie an die Komplementärwahrscheinlichkeit!
c) $p_1 \cdot \bar{p}_2 \cdot \bar{p}_3 \cdot \ldots \cdot \bar{p}_n$ ist die Wahrscheinlichkeit, daß genau A_1 eintritt.

AUFGABE 11

a) Es sind zwei einander ausschließende Ereignisse. Versuchen Sie, den Multiplikationssatz anzuwenden!
b) Benutzen Sie das Bernoullische Schema!

AUFGABE 12

Wenden Sie den Satz von Bayes an!

AUFGABE 13

Auch hier kann man das Ergebnis mit dem Satz von Bayes erhalten!

AUFGABE 14

Sehen Sie sich die Formel von der totalen Wahrscheinlichkeit an!

AUFGABE 15

Versuchen Sie, die Formel von der totalen Wahrscheinlichkeit zu benutzen!

AUFGABE 16

Hier führt das Bernoullische Schema zum Ergebnis.

AUFGABE 17

a) Bestimmen Sie die Wahrscheinlichkeit des Komplementärereignisses!
b) Nehmen Sie an, für einige Tage sei die Wahrscheinlichkeit 0!
c) Ersetzen Sie in der ersten Formel 365 durch 366!

AUFGABE 18

Verdeutlichen Sie sich, was im Beispiel die Dichtefunktion und die Verteilungsfunktion sind.

Lösungshinweise zu den Testaufgaben

AUFGABE 1

1. Mit der Binomialverteilung: $P = 0,098$
2. Mit der Poissonverteilung: $P = 0,092$

AUFGABE 2

$$P(n) = \frac{1}{2!} - \frac{1}{3!} + \frac{1}{4!} - \ldots \pm \frac{1}{n!}; \quad \lim_{n \to \infty} P(n) = \frac{1}{e}$$

[e ist die Basis des natürlichen Logarithmus]

AUFGABE 3

a) $p = 0,95$, $\bar{p} = 0,05$
   Für $n = 3$ ergibt sich $(\bar{p})^3 = 0,00625$

Bei dreifacher (voneinander unabhängiger) Prüfung ergibt sich mit einer Wahrscheinlichkeit von 99,375 Prozent, daß die nicht qualitätsgerechten Erzeugnisse erkannt werden.

b) $P(A_1)$ = die Wahrscheinlichkeit, daß ein nicht qualitätsgerechtes Erzeugnis bei der ersten Prüfung gefunden wird = 0,95

   $P(A_2)$ = die Wahrscheinlichkeit, daß ein nicht qualitätsgerechtes Erzeugnis bei der zweiten Prüfung gefunden wird = 0,95

Es wird gesucht: $P(A) = P(A_1) + P(\bar{A}_1) \cdot P(A_2) + P(\bar{A}_1) \cdot P(\bar{A}_2) \cdot P(A_3) + \ldots$

Für zwei Prüfungen ergibt sich: $P(A) = 0,95 + 0,05 \cdot 0,95 = 0,95 + 0,048 > 0,99$

Es genügen also 2 Prüfungen, um die Wahrscheinlichkeit von 99 Prozent zu erreichen.

c) Theoretisch kann nie die Wahrscheinlichkeit von 1 exakt im Beispiel erreicht werden.
   Praktisch genügen meist 2 Prüfungen, um dies garantieren zu können.

AUFGABE 4

Statistische Bestimmung der Wahrscheinlichkeit P.

$$P = \lim_{n \to \infty} \frac{8}{n} = 0$$

AUFGABE 5

$P = \frac{1}{4} \cdot \frac{1}{3} \cdot \frac{1}{2} \cdot 1 = \frac{1}{24}$ ist die Wahrscheinlichkeit, daß die Bände von rechts nach links (beziehungsweise von links nach rechts) in der richtigen Ordnung stehen.

AUFGABE 6

$$P = \binom{n}{m} \left(\frac{M}{N}\right)^m \left(\frac{N-M}{N}\right)^{n-m}$$

AUFGABE 7

a) 10 100
b) 101 000

AUFGABE 8

a) 0,665
b) 3

AUFGABE 9

$$P_n(k) = \binom{n}{k} \left(\frac{1}{2}\right)^n$$

$E = \frac{1}{2} n, \quad \sigma = \frac{1}{2} \sqrt{n}$

AUFGABE 10

a) $\prod_{k=1}^{n} p_k$ [1]

b) $1 - \prod_{k=1}^{n} \bar{p}_k$

c) $p_1 \cdot \bar{p}_2 \cdot \bar{p}_3 \cdot \ldots \cdot \bar{p}_n + \bar{p}_1 \cdot p_2 \cdot \bar{p}_3 \cdot \ldots \cdot \bar{p}_n + \ldots + \bar{p}_1 \cdot \bar{p}_2 \cdot \bar{p}_3 \cdot \ldots \cdot p_n$

---

[1] $\prod_{k=1}^{n} p_k$ bedeutet, daß das Produkt der p_k von $k = 1$ bis n zu bilden ist.

AUFGABE 11

a) $\left(\frac{1}{2}\right)^{50}$

b) $\binom{90}{40}\left(\frac{1}{2}\right)^{90}$

AUFGABE 12

$P \approx \dfrac{1}{1000}$

AUFGABE 13

$P = \dfrac{12}{20}$

AUFGABE 14

$P = \dfrac{46}{105}$

AUFGABE 15

$P = \dfrac{85}{144}$

AUFGABE 16

$P = \dfrac{99144}{100000}$

AUFGABE 17

a) $P = 1 \dfrac{365 \cdot 364 \cdot \ldots \cdot (365 - r + 1)}{365^r}$

b) größer
c) kleiner

AUFGABE 18

$P = \dfrac{8}{27}$

Füllen Sie bitte die Tabelle aus:

Aufgabe	mögliche Punktzahl	erreichte Punktzahl
1	2	
2	5	
3	6	
4	2	
5	2	
6	3	
7	5	
8	8	
9	2	
10	5	
11	5	
12	4	
13	3	
14	3	
15	2	
16	3	
17	7	
18	4	

Gesamt   71

Haben Sie über 60 Punkte? Sie sind unwahrscheinlich gut. Vielleicht sollten Sie sich ganz der Mathematik widmen.
Haben Sie über 50 Punkte? Sie haben den Stoff sehr gut verstanden und können logisch denken. Sie werden Ihre Erkenntnisse in der Praxis anwenden können.
Haben Sie über 40 Punkte? Sie beherrschen den Stoff im Wesentlichen. Sie sollten beim Lösen nicht so schnell aufgeben, dann wäre es Ihnen sicher möglich gewesen, die Aufgaben besser zu lösen.
Haben Sie über 30 Punkte? Einige Stoffkomplexe sind Ihnen noch nicht ganz klar. Wiederholen Sie, und überlegen Sie sich selbst einige Aufgaben!
Sie haben zwischen 10 und 30 Punkte? Nun, die Aufgaben waren teilweise schwierig; doch Sie haben zu wenig den gelernten Stoff in die Realität umsetzen können.
Lösen Sie noch einmal die Aufgabenkomplexe 1 bis 5, und wiederholen Sie systematisch!
Sie haben weniger als 10 Punkte?

● Bitte lesen Sie bei Ziffer 1 weiter!

Literaturhinweise

Wollen Sie sich noch weiter mit der Wahrscheinlichkeitsrechnung beschäftigen, dann ist folgende Literatur zu empfehlen:

Als elementare Einführung, die über den in unserer Einführung gegebenen Stoff nur wenig hinausgeht:

[1] Gnedenko, B. W. / A. J. Chintschin, Elementare Einführung in die Wahrscheinlichkeitsrechnung,
VEB Deutscher Verlag der Wissenschaften, Berlin 1964

Als sehr gute Ergänzung und Weiterführung des gebotenen Stoffes:

[2] Storm, R., Wahrscheinlichkeitsrechnung, mathematische Statistik und statistische Qualitätskontrolle,
VEB Fachbuchverlag, Leipzig 1965

[3] Runge, W. / G. Forbrig, Einführung in die Wahrscheinlichkeitsrechnung,
Verlag Die Wirtschaft, Berlin 1966

Weiter ist zu empfehlen:

[4] Wellnitz, K., Klassische Wahrscheinlichkeitsrechnung (Beihefte für den mathematischen Unterricht, Heft 7),
Friedr. Vieweg u. Sohn, Braunschweig 1965, 4. Auflage

[5] Wellnitz, K., Kombinatorik (Beihefte für den mathematischen Unterricht, Heft 6),
Friedr. Vieweg u. Sohn, Braunschweig 1965, 4. Auflage

[6] Wellnitz, K., Moderne Wahrscheinlichkeitsrechnung (Beihefte für den mathematischen Unterricht, Heft 9)
Friedr. Vieweg u. Sohn, Braunschweig 1966, 2. Auflage

[7] Goldberg, S., Die Wahrscheinlichkeit – Eine Einführung in Wahrscheinlichkeitsrechnung und Statistik,
Friedr. Vieweg u. Sohn, Braunschweig 1964, 2. verbesserte Auflage

[8] Böhme, W., Erscheinungsformen und Gesetze des Zufalls,
Friedr. Vieweg u. Sohn, Braunschweig 1964

Einige Teilprobleme der Wahrscheinlichkeitsrechnung werden behandelt in:

[9] Bader, H./S. Fröhlich, Mathematik für Ökonomen,
Verlag Die Wirtschaft, Berlin 1968, 3. Auflage
(Die Vertriebsrechte für die Deutsche Bundesrepublik, Westberlin und das kapitalistische Ausland liegen beim Verlag
R. Oldenbourg, Wien-München. Diese Lizenzausgabe ist erschienen unter dem Titel "Einführung in die Mathematik für Volks- und Betriebswirte".)

Die wahrscheinlichkeitstheoretischen Grundlagen von PERT, insbesondere die Beta-Verteilung werden dargelegt in:

[10] Schreiter, D./D. Stempell, Kritischer Weg und PERT,
Verlag Die Wirtschaft, Berlin 1968, 5. Auflage

Höhere Anforderungen an den Leser stellen folgende Bücher (nach steigendem Schwierigkeitsgrad geordnet):

[11] Gnedenko, B. W., Lehrbuch der Wahrscheinlichkeitsrechnung,
Akademie-Verlag, Berlin 1958

[12] Fisz, M., Wahrscheinlichkeitsrechnung und mathematische Statistik,
Deutscher Verlag der Wissenschaften, Berlin 1962 und
Verlag Harry Deutsch, Frankfurt/M. und Zürich

[13] Rényi, A., Wahrscheinlichkeitsrechnung,
Deutscher Verlag der Wissenschaften, Berlin 1962

Ergänzungen zum programmierten Text

Ziffer

5    $[Z, W]$ und $[W, Z]$

9   unmögliche

15   0; 1

18   4; 3

25    $\dfrac{151\ 693}{293\ 715} \approx 0,52$; $\dfrac{142\ 022}{293\ 715} \approx 0,48$

26    $\dfrac{1038}{2048} \approx 0,5068$; $\dfrac{12012}{24000} \approx 0,5005$;
$|0,0068|$, $|0,0005|$;
kleiner

27    $\dfrac{300}{1000}$

30   Summe, $P(A_1) + P(A_2) + \ldots + P(A_n)$; $\dfrac{1}{6}$; $\dfrac{3}{6}$

31   einander ausschließender

42   0,305; 0,034; 0,001

43    $\dfrac{27}{30}$, Multiplikationsregel, $\dfrac{27}{30}$, $\dfrac{27}{31}$, Additionsgesetz,

$\dfrac{4}{32} \cdot \dfrac{3}{31} \cdot \dfrac{2}{30}$

45 $\left(\frac{35}{36}\right)^{24}$

46 $\left(\frac{5}{6}\right)^4$

47 $0,386; 0,116; \binom{4}{3}\left(\frac{1}{6}\right)^3 \frac{5}{6} \approx 0,015; 0,001; \binom{4}{0}\left(\frac{1}{6}\right)^0 \left(\frac{5}{6}\right)^4 \approx 0,482; 1.$

49 statistische; 3

50 statistisch; $\binom{3}{2}\left(\frac{1}{6}\right)\left(\frac{5}{6}\right)^2 \approx 0,347; \binom{3}{1}\left(\frac{1}{6}\right)^2 \frac{5}{6} \approx 0,069;$
$0,005; 0,579; 1,000;$

$\binom{14}{10}\left(\frac{5}{6}\right)^{10}\left(\frac{1}{6}\right)^4$

52 $P_{10}(6) = \binom{10}{6}\left(\frac{3}{4}\right)^6\left(\frac{1}{4}\right)^4 \approx 0,146$

54 $0,3$

55 $0,37$

56 $0,17$

57 $0,77$

61 zufällige, ausschließende

62 $0,1; 0,6$

66 $0,29$

67 $P(A_1/B) = \dfrac{\frac{8}{10} \cdot \frac{9}{19}}{\frac{8}{10} \cdot \frac{9}{19} + \frac{7}{10} \cdot \frac{10}{19}} = 0,507$
$1 - 0,493 = 0,507$

71 nein, nein, ja

73 Erscheinen einer bestimmten Augenzahl; 11;
stetig, diskret, stetig, diskret

74 11

75 0; 1

77 0; 1, Verteilungsfunktion, stetig, diskrete

$$F(6) = \sum_{i=1}^{5} P(X=i) = \sum_{i=1}^{5} p_i = \frac{1}{6} + \frac{1}{6} + \frac{1}{6} + \frac{1}{6} + \frac{1}{6} = \frac{5}{6}$$

$$F(6) = \sum_{i=2}^{5} P(X=i) = \sum_{i=2}^{5} p_i = \frac{1}{36} + \frac{2}{36} + \frac{3}{36} + \frac{4}{36} = \frac{10}{36}$$

79 <; 0; 1

82 1; 0; < 0,01; 0,99; ≤ 0,01; 0,25; 0,75; 0,16 nach Zeichnung in Ziffer 85; (zwischen 0,1 und 0,4 können alle Werte richtig sein).

83 0,20; gleich

86 7

92 2,4

96 1; 2,25; 7,5; $\frac{15}{6}$; $\frac{70}{6}$; 2

98 2

99 $\frac{1}{2}$; $\frac{1}{2}$; $\sqrt{\frac{1}{2}}$; 0,25; $0,75^2$; 0,75; 0,25; $\frac{30}{16}$; $\sqrt{\frac{30}{16}} = 1,37$; $\frac{1}{6}$; $\frac{15}{36}$; 0,69; $\frac{1}{6}$; $\frac{70}{36}$; 1,39

104 $\binom{8}{1} \cdot 0,4^1 \cdot 0,6^7$; $\binom{8}{2} \cdot 0,4^2 \cdot 0,6^6$

105 0,134; 0,161; 0,161; 0,138

107 0,24

109 np; npq

111 2,5; 0,134; etwa überein

116 Poisson

119 0; 1

120 stetig, symmetrisch, t = 0

121 0,5; 0,977; 0,160; 0,683; 0,997; 0,955

126 0,977; 0,683

130 14,4 und 17,6

136
1	2	3	4
0	0,75	0,89	0,94
0,68	0,95	0,997	0,999
20	15	10	5
30	35	40	45

138 0,27

139 $n \to \infty$

$p(18)_{Poisson} = 0,037$

$p(18)_{Binomial} = 0,029$

vernachlässigt, gute

141 1,94; 11,67

143 1; 0,39

Lösungen zu den Aufgabenkomplexen 1 bis 5

Lösungen zu Aufgabenkomplex 1

1. $p = 0,163$
2.
   a) $p = \frac{1}{3}$

   b) Die Ereignisse schließen einander teilweise nicht aus.
3. Die Wahrscheinlichkeit ist Null.
4. Nein (vgl. Aufgabe 3).
5. $\frac{4}{31}$
6. $\frac{4}{9}$

Lösungen zu Aufgabenkomplex 2

1.
   a) $h_{rel} = \frac{281}{1000}, \frac{528}{1000}, \frac{113}{1000}, \frac{69}{1000}, \frac{7}{1000}, \frac{2}{1000}$

   b) $p_1 = \dfrac{32 \cdot 28 \cdot 24 \cdot 20 \cdot 16}{32 \cdot 31 \cdot 30 \cdot 29 \cdot 28} \approx 0,285$

   $p_2 = \dfrac{32 \cdot 3 \cdot 28 \cdot 24 \cdot 20}{32 \cdot 31 \cdot 30 \cdot 29 \cdot 28}$

   $+ \dfrac{32 \cdot 28 \cdot 6 \cdot 24 \cdot 20}{32 \cdot 31 \cdot 30 \cdot 29 \cdot 28}$

   $+ \dfrac{32 \cdot 28 \cdot 24 \cdot 9 \cdot 20}{32 \cdot 31 \cdot 30 \cdot 29 \cdot 28}$

   $+ \dfrac{32 \cdot 28 \cdot 24 \cdot 20 \cdot 12}{32 \cdot 31 \cdot 30 \cdot 29 \cdot 28} \approx 0,534$

c) $p_3 = \dfrac{32 \cdot 28 \cdot 6 \cdot 2 \cdot 1}{32 \cdot 31 \cdot 30 \cdot 29 \cdot 28} + 3 \dfrac{32 \cdot 3 \cdot 28 \cdot 2 \cdot 1}{32 \cdot 31 \cdot 30 \cdot 29 \cdot 28} \approx 0,001$

2. $P = \dfrac{5 \cdot 4 \cdot 3 \cdot 2 \cdot 1}{90 \cdot 89 \cdot 88 \cdot 87 \cdot 86} = \dfrac{1}{43\,949\,268}$

3.
a) $P_{10}(8) = \binom{10}{8} \left(\dfrac{2}{5}\right)^8 \left(\dfrac{3}{5}\right)^2 = 0,011$

b) $\sum_{i=8}^{10} P_{10}(i) = P_{10}(8) + P_{10}(9) + P_{10}(10)$

$= \binom{10}{8}\left(\dfrac{2}{5}\right)^8\left(\dfrac{3}{5}\right)^2 + \binom{10}{9}\left(\dfrac{2}{5}\right)^9\left(\dfrac{3}{5}\right) + \binom{10}{10}\left(\dfrac{2}{5}\right)^{10}$

$= 0,011 + 0,002 + 0,000 = 0,013$

Lösungen zu Aufgabenkomplex 3

1. $P(A/0) = 0,6$

2. $P(0) = 0,6$

3.
a) $P(A/0) \approx 0,53$
b) $P(D/0) = 0,10$

Lösungen zu Aufgabenkomplex 4

1.
a) $\bar{X} = 2,5$
b) $\sigma = 1,71$
d) $P = \dfrac{3}{36} = \dfrac{1}{12}$

2. $\bar{X} \approx 9,61$
$\sigma \approx 1,50$
$P \approx 0,78$

Lösungen zu Aufgabenkomplex 5

1.
a) $P_{1000}(0) \approx 0,0067$ (nach Poisson mit $n \cdot p = 5$)

b) $\sigma^2_{\text{Binomial}} = 4,97$
$\sigma^2_{\text{Poisson}} = 5$

2.
   a) $\binom{10}{9} 0,6^9 \cdot 0,4$
   b) $\bar{X} = 6$
   $\sigma^2 = 2,4$
   c) 4

3.
   a) $P(x = 3) = 0,1404$
   b) $P(x = 10) = 0,0181$
   c) $P(x \geq 6) = 0,3840$

Anhang

TABELLE 1 Wahrscheinlichkeiten der Poisson-Verteilung
$$P(x = k) = \frac{\lambda^k}{k!} e^{-\lambda}$$

k	λ							
	0,1	0,2	0,3	0,4	0,5	0,6	0,7	0,8
0	0,9048	0,8187	0,7408	0,6703	0,6065	0,5488	0,4966	0,4493
1	0,0905	0,1637	0,2222	0,2681	0,3033	0,3293	0,3476	0,3595
2	0,0045	0,0164	0,0333	0,0536	0,0758	0,0988	0,1217	0,1438
3	0,0002	0,0011	0,0033	0,0072	0,0126	0,0198	0,0284	0,0383
4		0,0001	0,0003	0,0007	0,0016	0,0030	0,0050	0,0077
5				0,0001	0,0002	0,0004	0,0007	0,0012
6							0,0001	0,0002

k	λ							
	0,9	1,0	1,5	2,0	2,5	3,0	3,5	4,0
0	0,4066	0,3679	0,2231	0,1353	0,0821	0,0498	0,3020	0,0183
1	0,3659	0,3679	0,3347	0,2707	0,2052	0,1494	0,1507	0,0733
2	0,1647	0,1839	0,2510	0,2707	0,2565	0,2240	0,1850	0,1465
3	0,0494	0,0613	0,1255	0,1804	0,2138	0,2240	0,2158	0,1954
4	0,0111	0,0153	0,0471	0,0902	0,1336	0,1680	0,1888	0,1954
5	0,0020	0,0031	0,0141	0,0361	0,0668	0,1008	0,1322	0,1563
6	0,0003	0,0005	0,0035	0,0120	0,0278	0,0504	0,0771	0,1042
7		0,0001	0,0008	0,0034	0,0099	0,0216	0,0385	0,0595
8			0,0001	0,0009	0,0031	0,0081	0,0169	0,0298
9				0,0002	0,0009	0,0027	0,0066	0,0132
10					0,0002	0,0008	0,0023	0,0053
11						0,0002	0,0007	0,0019
12						0,0001	0,0002	0,0006
13							0,0001	0,0002
14								0,0001

Quelle: R. Storm, Wahrscheinlichkeitsrechnung, mathematische Statistik und statistische Qualitätskontrolle, VEB Fachbuchverlag, Leipzig 1965

TABELLE 1 (Fortsetzung)

k	λ						
	4,5	5,0	6,0	7,0	8,0	9,0	10,0
0	0,0111	0,0067	0,0025	0,0009	0,0003	0,0001	
1	0,0500	0,0337	0,0149	0,0064	0,0027	0,0011	0,0005
2	0,1125	0,0842	0,0446	0,0223	0,0107	0,0050	0,0023
3	0,1687	0,1404	0,0892	0,0521	0,0286	0,0150	0,0076
4	0,1898	0,1755	0,1339	0,0912	0,0573	0,0337	0,0189
5	0,1708	0,1755	0,1606	0,1277	0,0916	0,0607	0,0378
6	0,1281	0,1462	0,1606	0,1490	0,1221	0,0911	0,0631
7	0,0824	0,1044	0,1377	0,1490	0,1396	0,1171	0,0901
8	0,0463	0,0653	0,1033	0,1304	0,1396	0,1318	0,1126
9	0,0232	0,0363	0,0688	0,1014	0,1241	0,1318	0,1251
10	0,0104	0,0181	0,0413	0,0710	0,0993	0,1186	0,1251
11	0,0043	0,0082	0,0225	0,0452	0,0722	0,0970	0,1137
12	0,0016	0,0034	0,0113	0,0264	0,0481	0,0728	0,0948
13	0,0006	0,0013	0,0052	0,0142	0,0296	0,0504	0,0729
14	0,0002	0,0005	0,0022	0,0071	0,0169	0,0324	0,0521
15	0,0001	0,0002	0,0009	0,0033	0,0090	0,0194	0,0347
16			0,0003	0,0014	0,0045	0,0109	0,0217
17			0,0001	0,0006	0,0021	0,0058	0,0128
18				0,0002	0,0009	0,0029	0,0071
19				0,0001	0,0004	0,0014	0,0037
20					0,0002	0,0006	0,0019
21					0,0001	0,0003	0,0009
22						0,0001	0,0004
23							0,0002
24							0,0001

TABELLE 1 (Fortsetzung)

k	λ				
	12	14	16	18	20
1	0,0001				
2	0,0004	0,0001			
3	0,0018	0,0004	0,0001		
4	0,0053	0,0013	0,0003	0,0001	
5	0,0127	0,0037	0,0010	0,0002	
6	0,0255	0,0087	0,0026	0,0007	0,0002
7	0,0437	0,0174	0,0060	0,0019	0,0005
8	0,0655	0,0304	0,0120	0,0042	0,0013
9	0,0874	0,0473	0,0213	0,0083	0,0029
10	0,1048	0,0663	0,0341	0,0150	0,0059
11	0,1144	0,0844	0,0496	0,0245	0,0106
12	0,1144	0,0984	0,0661	0,0368	0,0176
13	0,1055	0,1060	0,0814	0,0509	0,0271
14	0,0905	0,1060	0,0930	0,0655	0,0387
15	0,0724	0,0989	0,0992	0,0786	0,0517
16	0,0543	0,0866	0,0992	0,0884	0,0645
17	0,0383	0,0713	0,0934	0,0936	0,0760
18	0,0256	0,0554	0,0830	0,0936	0,0844
19	0,0161	0,0409	0,0699	0,0887	0,0888
20	0,0097	0,0286	0,0559	0,0798	0,0888
21	0,0055	0,0191	0,0426	0,0684	0,0846
22	0,0030	0,0121	0,0310	0,0559	0,0769
23	0,0016	0,0074	0,0216	0,0438	0,0669
24	0,0008	0,0043	0,0144	0,0328	0,0557
25	0,0004	0,0024	0,0092	0,0237	0,0445
26	0,0002	0,0013	0,0057	0,0164	0,0343
27	0,0001	0,0007	0,0033	0,0109	0,0254
28		0,0003	0,0019	0,0070	0,0181
29		0,0002	0,0011	0,0044	0,0125
30		0,0001	0,0006	0,0026	0,0084
31			0,0002	0,0015	0,0053
32			0,0001	0,0009	0,0034
33			0,0001	0,0005	0,0020
34				0,0003	0,0013
35				0,0001	0,0007
36					0,0004
37					0,0002
38					0,0001

TABELLE 2 Werte der Verteilungsfunktion der normierten Normalverteilung

$$\Phi(x) = \frac{1}{\sqrt{2\pi}} \int_{-\infty}^{x} e^{-\frac{x^2}{2}} dx \qquad \varphi(x) = \frac{1}{\sqrt{2\pi}} \cdot e^{-\frac{x^2}{2}}$$

x	$\varphi(x)$	$\Phi(x)$	x	$\varphi(x)$	$\Phi(x)$
−3,0	0,0044	0,0013	0,1	0,3970	0,5398
−2,9	0,0060	019	0,2	0,3910	793
−2,8	0,0079	026	0,3	0,3814	0,6179
−2,7	0,0104	035	0,4	0,3683	554
−2,6	0,0136	047	0,5	0,3521	915
−2,5	0,0175	062	0,6	0,3332	0,7257
−2,4	0,0224	082	0,7	0,3122	580
−2,3	0,0283	107	0,8	0,2897	881
−2,2	0,0355	139	0,9	0,2661	0,8159
−2,1	0,0440	179	1,0	0,2420	413
−2,0	0,0540	228	1,1	0,2178	643
−1,9	0,0656	267	1,2	0,1942	849
−1,8	0,0790	359	1,3	0,1714	0,9032
−1,7	0,0940	446	1,4	0,1494	192
−1,6	0,1109	548	1,5	0,1295	332
−1,5	0,1295	668	1,6	0,1109	452
−1,4	0,1494	808	1,7	0,0940	554
−1,3	0,1714	968	1,8	0,0790	641
−1,2	0,1942	0,1151	1,9	0,0656	713
−1,1	0,2178	357	2,0	0,0540	772
−1,0	0,2420	537	2,1	0,0440	821
−0,9	0,2661	841	2,2	0,0355	861
−0,8	0,2897	0,2119	2,3	0,0283	893
−0,7	0,3122	420	2,4	0,0224	918
−0,6	0,3332	743	2,5	0,0175	938
−0,5	0,3521	0,3085	2,6	0,0136	953
−0,4	0,3683	446	2,7	0,0104	965
−0,3	0,3814	821	2,8	0,0079	974
−0,2	0,3910	0,4207	2,9	0,0060	981
−0,1	0,3970	0,4602	3,0	0,0044	987
± 0	0,3989	0,5000			

TABELLE 3 Verteilungsdichte $\varphi(x)$ der normierten Normalverteilung

x	0,00	0,01	0,02	0,03	0,04
0,0	.39894	.39892	.39886	.39876	.39862
0,1	.39695	.39654	.39608	.39559	.39505
0,2	.39104	.39024	.38940	.38853	.38762
0,3	.38139	.38023	.37903	.37780	.37654
0,4	.36827	.36678	.36526	.36371	.36213
0,5	.35207	.35029	.34849	.34667	.34482
0,6	.33322	.33121	.32918	.32713	.32506
0,7	.31225	.31006	.30785	.30563	.30339
0,8	.28969	.28737	.28504	.28269	.28034
0,9	.26609	.26369	.26129	.25888	.25647
1,0	.24197	.23955	.23713	.23471	.23230
1,1	.21785	.21546	.21307	.21069	.20831
1,2	.19419	.19186	.18954	.18724	.18494
1,3	.17137	.16915	.16694	.16474	.16256
1,4	.14937	.14764	.14556	.14350	.14146
1,5	.12952	.12758	.12566	.12376	.12188
1,6	.11092	.10915	.10741	.10567	.10396
1,7	.09405	.09246	.09089	.08933	.08780
1,8	.07895	.07754	.07614	.07477	.07341
1,9	.06562	.06438	.06316	.06195	.06077
2,0	.05399	.05292	.05186	.05082	.04980
2,1	.04398	.04307	.04217	.04128	.04041
2,2	.03547	.03470	.03394	.03319	.03246
2,3	.02833	.02768	.02705	.02643	.02582
2,4	.02239	.02186	.02134	.02083	.02033
2,5	.01753	.01709	.01667	.01625	.01585
2,6	.01358	.01323	.01289	.01256	.01223
2,7	.01042	.01014	.00987	.00961	.00935
2,8	.00792	.00770	.00748	.00727	.00707
2,9	.00595	.00578	.00562	.00545	.00530
	0,0	0,1	0,2	0,3	0,4
3,0	.00443	.00327	.00238	.00172	.00123

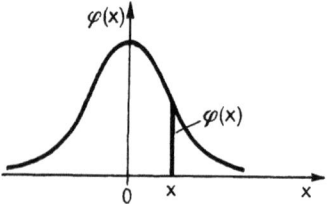

Quelle: R. Storm, Wahrscheinlichkeitsrechnung, mathematische Statistik und statistische Qualitätskontrolle, VEB Fachbuchverlag, Leipzig 1965

TABELLE 3 (Fortsetzung)

0,05	0,06	0,07	0,08	0,09
.39844	.39822	.39797	.39767	.39733
.39448	.39387	.39322	.39253	.39181
.38667	.38568	.38466	.38361	.38251
.37524	.37391	.37255	.37115	.36973
.36053	.35889	.35723	.35553	.35381
.34294	.34105	.33912	.33718	.33521
.32297	.32086	.31874	.31659	.31443
.30114	.29887	.29659	.29431	.29200
.27798	.27562	.27324	.27086	.26848
.25406	.25164	.24923	.24681	.24439
.22988	.22747	.22506	.22265	.22025
.20594	.20357	.20121	.19886	.19652
.18265	.18037	.17810	.17585	.17360
.16038	.15822	.15608	.15395	.15183
.13943	.13742	.13542	.13344	.13147
.12051	.11816	.11632	.11450	.11270
.10226	.10059	.09893	.09728	.09566
.08628	.08478	.08329	.08183	.08038
.07206	.07074	.06943	.06814	.06687
.05959	.05844	.05730	.05618	.05508
.04879	.04780	.04682	.04586	.04491
.03955	.03871	.03788	.03706	.03626
.03174	.03103	.03034	.02965	.02898
.02522	.02463	.02406	.02349	.02294
.01984	.01936	.01889	.01842	.01797
.01545	.01506	.01468	.01431	.01394
.01191	.01160	.01130	.01100	.01071
.00909	.00885	.00861	.00837	.00814
.00687	.00668	.00649	.00631	.00613
.00514	.00499	.00485	.00471	.00457
0,5	0,6	0,7	0,8	0,9
.00087	.00061	.00042	.00029	.00020

TABELLE 4 Verteilungsfunktion $\Phi(x)$ der normierten Normalverteilung

x	0,00	0,01	0,02	0,03	0,04
0,0	.500000	.503989	.507978	.511966	.515953
0,1	.539828	.543795	.547758	.551717	.555670
0,2	.579260	.583166	.587064	.590954	.594835
0,3	.617911	.621720	.625616	.629300	.633072
0,4	.655422	.659097	.662757	.666402	.670031
0,5	.691462	.694974	.698468	.702944	.705402
0,6	.725747	.729069	.732371	.735653	.738914
0,7	.758036	.761148	.764238	.767305	.770350
0,8	.788145	.791030	.793892	.796731	.799546
0,9	.815940	.818589	.821214	.823814	.826391
1,0	.841345	.843752	.846136	.848495	.850830
1,1	.864334	.866500	.868643	.870762	.872857
1,2	.884930	.886861	.888768	.890651	.892512
1,3	.903200	.904902	.906582	.908241	.909877
1,4	.919243	.920730	.922196	.923642	.925066
1,5	.933193	.934478	.935744	.936992	.938220
1,6	.945201	.946301	.947384	.948449	.949497
1,7	.955434	.956367	.957284	.958185	.959070
1,8	.964070	.964852	.965620	.966375	.967116
1,9	.971283	.971933	.972571	.973197	.973810
2,0	.977250	.977784	.978308	.978822	.979325
2,1	.982136	.982571	.982997	.983414	.983823
2,2	.986097	.986447	.986791	.987126	.987454
2,3	.989276	.989556	.989830	.990097	.990358
2,4	.991802	.992024	.992240	.992451	.992656
2,5	.993790	.993963	.994132	.994297	.994457
2,6	.995339	.995473	.995604	.995731	.995855
2,7	.996533	.996636	.996736	.996833	.996928
2,8	.997445	.997523	.997599	.997673	.997744
2,9	.998134	.998193	.998250	.998305	.998359
	0,0	0,1	0,2	0,3	0,4
3,0	.998650	.999032	.999313	.999517	.999663

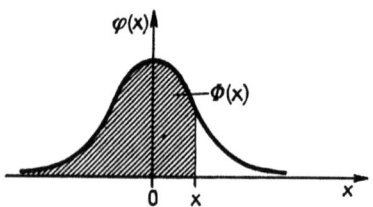

Quelle: R. Storm, Wahrscheinlichkeitsrechnung, mathematische Statistik und statistische Qualitätskontrolle, VEB Fachbuchverlag, Leipzig 1965

TABELLE 4 (Fortsetzung)

0,05	0,06	0,07	0,08	0,09
.519938	.523922	.527903	.531881	.535856
.559618	.563560	.567495	.571424	.575345
.598706	.602568	.606420	.610261	.614092
.636831	.640576	.644309	.648027	.651732
.673645	.677242	.680822	.684386	.687933
.708840	.712260	.715661	.719043	.722405
.742154	.745373	.748571	.751748	.754903
.773373	.776373	.779350	.782305	.785236
.802338	.805106	.807850	.810570	.813267
.828944	.831472	.833977	.836457	.838913
.853141	.855428	.857690	.859929	.862143
.874928	.876976	.879000	.881000	.882977
.894350	.896165	.897958	.899727	.901475
.911492	.913085	.914656	.916207	.917736
.926471	.927855	.929219	.930563	.931889
.939429	.940620	.941792	.942947	.944083
.950528	.951543	.952540	.953521	.954486
.959941	.960796	.961636	.962462	.963273
.967843	.968557	.969258	.969946	.970621
.974412	.975002	.975581	.976148	.976704
.979818	.980301	.980774	.981237	.981691
.984222	.984614	.984997	.985371	.985738
.987776	.988089	.988396	.988696	.988989
.990613	.990862	.991106	.991344	.991576
.992857	.993053	.993244	.993431	.993613
.994614	.994766	.994915	.995060	.995201
.995975	.996093	.996207	.996319	.996427
.997020	.997110	.997197	.997282	.997365
.997814	.997882	.997948	.998012	.998074
.998411	.998462	.998511	.998559	.998605
0,5	0,6	0,7	0,8	0,9
.999767	.999841	.999892	.999928	.999952

TABELLE 5 $p(X=k) = \binom{n}{k} p^k (1-p)^{n-k}$

n	k	p=.01	.02	.05	.10	.15	.20	.25	.30	.40	.50
1	0	.990	.980	.950	.900	.850	.800	.750	.700	.600	.500
	1	.010	.020	.050	.100	.150	.200	.250	.300	.400	.500
2	0	.980	.960	.902	.810	.722	.640	.562	.490	.360	.250
	1	.020	.039	.095	.180	.255	.320	.375	.420	.480	.500
	2			.002	.010	.022	.040	.062	.090	.160	.250
3	0	.970	.941	.857	.729	.614	.512	.422	.343	.216	.125
	1	.029	.058	.135	.243	.325	.384	.422	.441	.432	.375
	2		.001	.007	.027	.057	.096	.141	.189	.288	.375
	3				.001	.003	.008	.016	.027	.064	.125
4	0	.961	.922	.815	.656	.522	.410	.316	.240	.130	.062
	1	.039	.075	.171	.292	.368	.410	.422	.412	.346	.250
	2	.001	.002	.014	.049	.098	.154	.211	.265	.346	.375
	3				.004	.011	.026	.047	.076	.154	.250
	4					.001	.002	.004	.008	.026	.062
5	0	.951	.904	.774	.590	.444	.328	.237	.168	.078	.031
	1	.048	.092	.204	.328	.392	.410	.396	.360	.259	.156
	2	.001	.004	.021	.073	.138	.205	.264	.309	.346	.312
	3			.001	.008	.024	.051	.088	.132	.230	.312
	4					.002	.006	.015	.028	.077	.156
	5							.001	.002	.010	.031
6	0	.941	.886	.735	.531	.377	.262	.178	.118	.047	.016
	1	.057	.108	.232	.354	.399	.393	.356	.303	.187	.094
	2	.001	.006	.031	.098	.176	.246	.297	.324	.311	.234
	3			.002	.015	.041	.082	.132	.185	.276	.312
	4				.001	.005	.015	.033	.060	.138	.234
	5						.002	.004	.010	.037	.094
	6								.001	.004	.016
7	0	.932	.868	.698	.478	.321	.210	.133	.082	.028	.008
	1	.066	.124	.257	.372	.396	.367	.311	.247	.131	.055
	2	.002	.008	.041	.124	.210	.275	.311	.318	.261	.164
	3			.004	.023	.062	.115	.173	.227	.290	.273
	4				.003	.011	.029	.058	.097	.194	.273
	5					.001	.004	.012	.025	.077	.164
	6							.001	.004	.017	.055
	7									.002	.008
8	0	.923	.851	.663	.430	.272	.168	.100	.058	.017	.004
	1	.075	.139	.279	.383	.385	.336	.267	.198	.090	.031
	2	.003	.010	.051	.149	.238	.294	.311	.296	.209	.109
	3			.005	.033	.084	.147	.208	.254	.279	.219
	4				.005	.018	.046	.087	.136	.232	.273
	5					.003	.009	.023	.047	.124	.219
	6						.001	.004	.010	.041	.109
	7								.001	.008	.031
	8									.001	.004
9	0	.914	.834	.630	.387	.232	.134	.075	.040	.010	.002
	1	.083	.153	.299	.387	.368	.302	.225	.156	.060	.018
	2	.003	.013	.063	.172	.260	.302	.300	.267	.161	.070
	3		.001	.008	.045	.107	.176	.234	.267	.251	.164
	4			.001	.007	.028	.066	.117	.172	.251	.246
	5				.001	.005	.017	.039	.074	.167	.246
	6					.001	.003	.009	.021	.074	.164
	7							.001	.004	.021	.070
	8									.004	.018
	9										.002

TABELLE 5 (Fortsetzung)

n	k	p=.01	.02	.05	.10	.15	.20	.25	.30	.40	.50
10	0	.904	.817	.599	.349	.197	.107	.056	.028	.006	.001
	1	.091	.167	.315	.387	.347	.268	.188	.121	.040	.010
	2	.004	.015	.075	.194	.276	.302	.282	.233	.121	.044
	3		.001	.010	.057	.130	.201	.250	.267	.215	.117
	4			.001	.011	.040	.088	.146	.200	.251	.205
	5				.001	.008	.026	.058	.103	.201	.246
	6					.001	.006	.016	.037	.111	.205
	7						.001	.003	.009	.042	.117
	8								.001	.011	.044
	9									.002	.010
	10										.001
15	0	.860	.739	.463	.206	.087	.035	.013	.005	.000	.000
	1	.130	.226	.366	.343	.231	.132	.067	.031	.005	.000
	2	.009	.032	.135	.267	.286	.231	.156	.092	.022	.003
	3		.003	.031	.129	.218	.250	.225	.170	.063	.014
	4			.005	.043	.116	.188	.225	.219	.127	.042
	5			.001	.010	.045	.103	.165	.206	.186	.092
	6				.002	.013	.043	.092	.147	.207	.153
	7					.003	.014	.039	.081	.177	.196
	8					.001	.003	.013	.035	.118	.196
	9						.001	.003	.012	.061	.153
	10							.001	.003	.024	.092
	11								.001	.007	.042
	12									.002	.014
	13										.003
	14										
	15										
20	0	.818	.668	.358	.122	.039	.012	.003	.001	.000	.000
	1	.165	.272	.377	.270	.137	.058	.021	.007	.000	.000
	2	.016	.053	.189	.285	.229	.137	.067	.028	.003	.000
	3	.001	.006	.060	.190	.243	.205	.134	.072	.012	.001
	4		.001	.013	.090	.182	.218	.190	.130	.035	.005
	5			.002	.032	.103	.175	.202	.179	.075	.015
	6				.009	.045	.109	.169	.192	.124	.037
	7				.002	.016	.055	.112	.164	.166	.074
	8					.005	.022	.061	.114	.180	.120
	9					.001	.007	.027	.065	.160	.160
	10						.002	.010	.031	.117	.176
	11							.003	.012	.071	.160
	12							.001	.004	.035	.120
	13								.001	.015	.074
	14									.005	.037
	15									.001	.015
	16										.005
	17										.001
	18										
	19										
	20										

Quelle: Kemeny/Schleifer/Snell/Thompson, Mathematik für die Wirtschaftspraxis, Walter de Gruyter u. Co., Berlin (West), 1966

Sachwortregister

Die angegebenen Zahlen beziehen sich auf die roten Ziffern im Textteil.

Additionssatz der Wahrscheinlichkeitsrechnung 11, 30
Axiome der Wahrscheinlichkeitsrechnung 11
Bayes, Satz von 61
Bernoullisches Schema 48
Beta-Verteilung 140
Binomialkoeffizienten 48, 52
Binomialverteilung 94, 102
-, Verteilungsfunktion 95
-, Erwartungswert 96
-, Streuung 99
Definition,
- klassische D. der Wahrscheinlichkeitsrechnung 15, 18, 29
- statistische D. der Wahrscheinlichkeitsrechnung 25, 29
Dichtefunktion 78
Ereignis, Komplementär- 3
- sicheres E. 3
- zufälliges E. 1
- Summe zweier E. 3
- Summe mehrerer E. 9
- unmögliches E. 3
- Produkt zweier E. 5
- Produkt mehrerer E. 9
- einander ausschließende E. 9
Erwartungswert einer diskreten Zufallsgröße 86
- einer stetigen Zufallsgröße 93
Exponentialverteilung 143
Gesetz der großen Zahl 145
Grenzwertsatz von Moivre-Laplace 138
Häufigkeit, relative 25
hypergeometrische Verteilung 116
linkssteile Verteilung 101
Mittelwert, siehe Erwartungswert
Multiplikationsregel 30, 58
Normalverteilung 116
-, Transformation in eine normierte N. 128
-, Verteilungsfunktion der 116, 120
-, Dichtefunktion der 116, 120
-, normierte 120, 121
-, Parameter der 120
Pascalsches Dreieck 52
Poissonverteilung 105, 115
-, Verteilungsfunktion der 107
-, Parameter der 110
-, Erwartungswert der 113
-, Streuung der 113
Polyasche Verteilung 116

Streuungsmaß 87
- einer diskreten Zufallsgröße 87, 92
- einer stetigen Zufallsgröße 93
Tschebyschewsche Ungleichung 136, 138
Übersicht über die Verteilungsfunktionen 144
Verteilungsfunktion einer Zufallsgröße 74, 75, 78
-, diskret 77
-, stetig 78

Wahrscheinlichkeit, bedingte 53, 55, 58
-, Bestimmung der W. (siehe Definition)
-, Satz über die totale W. 60
Wahrscheinlichkeitsrechnung, Gegenstand der 1
Zufallsgröße 68
-, diskrete 72
-, stetige 72
3σ-Regel 130

Inhaltsverzeichnis

	Ziffer
Grundlagen der Wahrscheinlichkeitsrechnung	
Gegenstand der Wahrscheinlichkeitsrechnung, zufälliges Ereignis	1
Komplementärereignis, Summe zweier Ereignisse, sicheres und unmögliches Ereignis	3
Produkt zweier Ereignisse	5
Summe und Produkt mehrerer Ereignisse	9
Axiome der Wahrscheinlichkeitsrechnung, Additionssatz	11
Wahrscheinlichkeit des unmöglichen Ereignisses	14
Klassische Definition der Wahrscheinlichkeitsrechnung	15
Statistische Bestimmung der Wahrscheinlichkeit, relative Häufigkeit	25
Die Multiplikationsregel	
Multiplikationsregel	30
Fakultät, Binomialkoeffizient	47
Bernoullisches Schema	48
Pascalsches Dreieck	52
Bedingte und totale Wahrscheinlichkeiten	
Bedingte Wahrscheinlichkeit	53
Satz von der totalen Wahrscheinlichkeit	60
Satz von Bayes	61
Zufallsgrößen und Verteilungsfunktionen	
Zufällige Größe	68
Diskrete und stetige Zufallsgrößen	72
Verteilungsfunktion	74
Eigenschaften der diskreten Verteilungsfunktion	75
Eigenschaften der stetigen Verteilungsfunktion, Dichtefunktion	78
Erwartungswert einer diskreten Zufallsgröße	86

	Ziffer
Streuungsmaß einer diskreten Zufallsgröße	87
Erwartungswert und Streuungsmaß einer stetigen Zufallsgröße	93

Diskrete Verteilungsfunktionen

Binomialverteilung	94
Eigenschaften der Binomialverteilung	102
Poissonverteilung	105
Verteilungsfunktion der Poissonverteilung	107
Parameter der Poissonverteilung	110
Vorteile der Poissonverteilung	113
Eigenschaften der Poissonverteilung	114

Stetige Verteilungsfunktionen

Normalverteilung	116
Verteilungsfunktion der Normalverteilung	120
Eigenschaften der Normalverteilung	121
Transformation der Normalverteilung	128
Wahrscheinlichkeitsintervalle der Normalverteilung	130
Tschebyschewsche Ungleichung	136
Grenzwertsatz von Moivre-Laplace	138
Betaverteilung	140
Exponentialverteilung	143
Übersicht über Verteilungsfunktionen	144
Gesetz der großen Zahl	145

	Seite
Testaufgaben	142
Lösungshinweise zu den Testaufgaben	147
Lösungen der Testaufgaben	150
Literaturhinweise	154
Ergänzungen zum programmierten Text	156
Lösungen zu den Aufgabenkomplexen 1 bis 5	160

Anhang

Tabellen der Verteilungen	164
Sachwortregister	174

NOTIZEN

NOTIZEN

MIX
Papier aus verantwortungsvollen Quellen
Paper from responsible sources
FSC® C105338

If you have any concerns about our products,
you can contact us on
ProductSafety@springernature.com

In case Publisher is established outside the EU,
the EU authorized representative is:
**Springer Nature Customer Service Center GmbH
Europaplatz 3, 69115 Heidelberg, Germany**

Printed by Libri Plureos GmbH
in Hamburg, Germany